"十三五"职业教育国家规划教材（修订版）

3ds Max 案例教程

主　编　张秀生　郑学平

副主编　董双双　米聚珍　雷　晨　赵江华

北京理工大学出版社

BEIJING INSTITUTE OF TECHNOLOGY PRESS

图书在版编目（CIP）数据

3ds Max 案例教程 / 张秀生，郑学平主编 . -- 北京：

北京理工大学出版社，2022.12 重印

ISBN 978-7-5763-1046-7

Ⅰ.①3… Ⅱ.①张… ②郑… Ⅲ.①三维动画软件 -

中等专业学校 - 教材 Ⅳ.①TP391.414

中国版本图书馆 CIP 数据核字（2022）第 029300 号

出版发行 / 北京理工大学出版社有限责任公司
社　　址 / 北京市海淀区中关村南大街 5 号
邮　　编 / 100081
电　　话 /（010）68914775（总编室）
　　　　　（010）82562903（教材售后服务热线）
　　　　　（010）68944723（其他图书服务热线）
网　　址 / http://www.bitpress.com.cn
经　　销 / 全国各地新华书店
印　　刷 / 定州市新华印刷有限公司
开　　本 / 889 毫米 × 1194 毫米　1/16
印　　张 / 16
字　　数 / 322 千字
版　　次 / 2022 年 12 月第 1 版第 3 次印刷
定　　价 / 49.50 元

责任编辑 / 张荣君
文案编辑 / 张荣君
责任校对 / 周瑞红
责任印制 / 边心超

前言

PREFACE

　　本书以习近平新时代中国特色社会主义思想为指导，全面贯彻党的二十大精神，立足新发展阶段，贯彻新发展理念，构建新发展格局，顺应新一轮科技产业革命和数字经济发展趋势，将"突破虚拟现实核心软硬件"和"虚拟现实行业应用融合创新"作为主要抓手，构建虚拟现实生态发展新局面，为制造强国、网络强国、文化强国和数字中国建设提供有力支撑，不断满足人民群众对美好生活的需要。为了更好地培养适应新职业新科技发展人才，经过具有多年教学和技能大赛辅导教师经过精心策划，认真讨论，结合学生的实际学习特点，编写了本教程。

　　本书是"十三五"职业教育国家规划教材《3ds Max2017 案例教程》的改版教材，编者从三维模型制作应用的实际需要出发，实现基础知识与操作技能相结合，以"就业为导向"的指导思想为设计前提，采用"行动导向，任务驱动"的方法，将知识点穿插在所有任务案例操作过程中，介绍 3ds Max 软件使用方法和操作技巧。

　　本书共有 7 个项目，对知识体系做了精心的设计，坚持"在做中学，在学中做"，力求实例典型、操作简单易学，读者在不断地实践中，通过完成项目操作掌握三维制作相关知识。在内容编写方面，编者注重循序渐进、图文并举，力求细致全面、重点突出；在文字叙述方面，编者力求言简意赅、通俗易懂；在案例选取方面，编者强调案例的针对性和实用性。编者大致按照"项目引领—任务分析—任务实施—必备知识—任务拓展—项目总结—项目评价—实战强化"的思路进行编写：

　　"任务分析"是对任务所要达到的效果进行分析，对完成本任务后应该掌握的知识加以描述。

　　"任务实施"是采用图文并茂的方法，详细介绍完成任务所需要的操作步骤，对软件的使用技巧和注意事项进行系统、清晰的分析与归纳总结。

　　"必备知识"是对实现任务用到的知识点的描述，对知识内容进一步从实践到理论全面理解。

"任务拓展"是让读者对每一个新接触的工具、每一个解决问题的新方法通过自己的尝试和探索进行了解，掌握相应的知识和技能。

"项目总结"是在项目完成过程中，对比较重要的知识点和技能进行整理，找出制作过程中的问题和薄弱部分，帮助读者达到项目完成的结果要求。

"项目评价"是读者对自己在项目完成过程中各方面的评价。

"实战强化"帮助读者在三维设计方面提供想象空间，发挥自身创造力和想象力。

本书内容丰富、结构清晰、技术参考性强，操作详略得当、重点突出，理论讲解虚实结合、简明实用，注重激发读者的学习兴趣，每个项目中设计了"任务拓展"和"实战强化"模块，加强了实践操作性。为了方便读者学习和教师制作教学课件，本书提供与书中实例制作配套的网络资源，其中包含本书所有实例制作和各单元学习所需素材，书中详细介绍了各单元素材的使用方法。

本书建议总学时 72 学时，实训不低于 36 学时，具体分配如表 0-1 所示。

表 0-1　学时分配表

项目	课程内容	学时
项目 1	初识 3ds Max	4
项目 2	3ds Max 建模技术（上）	8
项目 3	3ds Max 建模技术（下）	14
项目 4	材质与贴图	14
项目 5	灯光与摄影机	12
项目 6	环境与特效	10
项目 7	综合案例	10

感谢北京理工大学出版社的全体编辑，是他们的辛勤工作才使本书得以和广大读者见面，同时也感谢河北唐讯信息技术有限公司给予的大力支持。

鉴于编写时间和水平所限，书中难免存在不足之处，恳请教育界同仁与广大读者予以批评指正。

编　者

目录

CONTENTS

项目1

初识3ds Max

　　3D动画技术也称三维动画技术,已广泛运用于电影、动画、游戏、广告、虚拟现实与虚拟漫游中,在我国由于国家大力支持,3D技术异军突起,许多影视作品博得众多体验者好评,如《哪吒之魔童降世》《白蛇:缘起》《风语咒》等优秀作品中,三维场景和人物造型让人耳目一新,感叹三维技术为人们带来不一样的视觉感受,想必吸引大家的不仅是跌宕起伏的故事情节,还有那美轮美奂的场景和人物造型,那么这些是如何制作出来的呢?

　　近年来虚拟现实(Virtual Reality,VR)技术将3D技术推到了一个新的高度,由于它能够再现真实的环境,并且人们可以介入其中参与交互,使得虚拟现实系统可以在许多方面得到广泛应用。随着各种技术的深度融合,相互促进,虚拟现实技术在教育、军事、工业、艺术与娱乐、医疗、城市仿真、科学计算可视化等领域的应用都有极大的发展,如图1-1所示。虚拟现实技术中的三维模型是如何制作出来的呢?

（a）　　　　　　　　　　　　　　　（b）

图1-1　虚拟现实技术的应用

　　3ds Max是当今世界使用较广泛的三维软件之一,在建模、灯光、材质、渲染、动画等方面都有着非常优秀的表现,在建筑设计、影视动画、游戏等行业中的应用非常广泛。本项目将带领大家进入三维奇妙世界,在三维的广袤空间中遨游。

任务1　认识3ds Max工作界面

任务分析

　　在学习3ds Max之前,首先要认识它的操作界面,并熟悉各个控制区的用途和使用方法,这样在设计模型过程中使用各个工具和命令才能得心应手。本任务将通过一个案例的操作,让大家了解3ds Max的工作界面和常用的操作方法。

任务实施

3ds Max
窗口组成

1. 菜单栏

在软件窗口最上面的就是菜单栏，在每个菜单中都包含与 3D 设计操作有关的命令。在后面的操作中会逐步使用其中的功能，如图 1–2 所示。

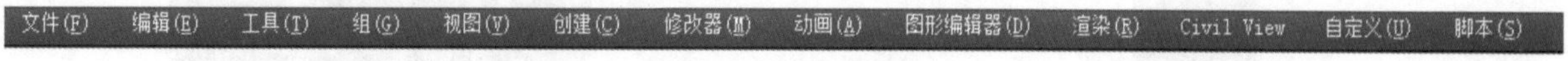
文件(F)
编辑(E)
工具(T)
组(G)
视图(V)
创建(C)
修改器(M)
动画(A)
图形编辑器(D)
渲染(R)
Civil View
自定义(U)
脚本(S)

图 1–2 菜单栏

2. 主工具栏

在菜单栏下面就是主工具栏，其中包含撤销、重做、连接、移动、旋转、缩放等常用的操作按钮，它可以方便使用者选择相关按钮操作模型，当然也可以使用快捷键对其选择操作，如图 1–3 所示。有些工具图标旁边有“白色三角”表示此工具还有子工具，单击该三角形可以弹出相应的子工具选择下拉列表框。

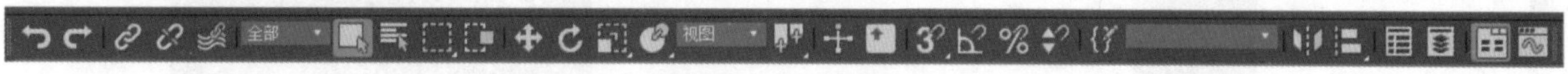
全部
视图

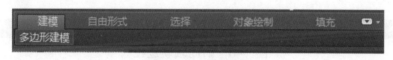

图 1–3 主工具栏

3. 功能区

在主工具栏上单击按钮，可以打开或关闭功能区，在高级建模过程中，经常使用功能区，如石墨功能、多边形建模功能等，如图 1–4 所示。

建模
自由形式
选择
对象绘制
填充
多边形建模

图 1–4 功能区

4. 资源管理器

资源管理器可以方便地管理场景中的模型、灯光、摄像机、大气装置等，对模型装置进行命名、分组、隐藏显示、过滤对象等操作，如图 1–5 所示。可以通过单击主工具栏中的按钮，对资源管理器进行显示或隐藏操作。

选择
显示

图1–5 资源管理器

5. 视图布局设置区

视图布局设置区可以方便设置使用的显示视图，如最大化视图、双视图显示、三视图显示等，在模型操作过程中可以方便地切换到所需视图，对模型进行操作，如图 1–6 所示。

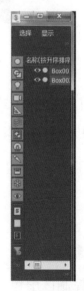

6. 命令面板

命令面板是 3ds Max 软件中最核心的部分，对象的创建、修改都在这里，它由 6 个面板组成，分别是创建、修改、层次、运动、显示、实用程序，每个面板中都有许多命令，通过这些命令可以方便地对对象进行创建、修改等操作，如图 1-7 所示。

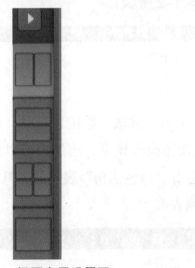

图 1-6　视图布局设置区

图 1-7　命令面板

7. 时间轴轨迹栏和动画控制区

在视图工作区下方就是时间轴轨迹栏和动画控制区，它们是用来控制动画的，如图 1-8 和图 1-9 所示。

图 1-8　时间轴轨迹栏

图 1-9　动画控制区

8. 状态栏

当我们选择一个或多个对象，或者选择主工具栏中的一个工具时，状态栏会显示当前选择了几个对象，以及当前选择的工具的使用方法，如图 1-10 所示。

图 1-10　状态栏

9. 视图控制区

视图控制区中包含缩放、缩放所有视图、最大化选定的对象、所有视图最大化显示选定对象、缩放区域、平移视图、环绕子对象、最大化视图切换等操作按钮，如图 1-11 所示。

图 1-11 视图控制区

10. 视图显示区

中间部分是视图显示区，标准的显示区有顶视图、左视图、前视图、透视图，每个视图都有独立的菜单来改变视图的显示效果，视图可以通过视图菜单或快捷键进行切换，如按〈F〉键切换到前视图、按〈T〉键切换到顶视图、按〈L〉键切换到左视图、按〈C〉键可以切换到摄像机视图，如图 1-12 所示。

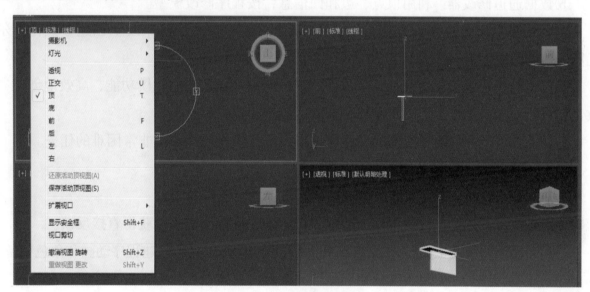

图 1-12 视图显示区

必备知识

1. 3ds Max 系统要求

安装 3ds Max 的最低配置要求：

计算机操作系统为 Microsoft Windows 7（SP1）、Windows 8、Windows 8.1 和 Windows 10 Professional。

CPU 要求为支持 SSE4.2 指令集的 64 位 Intel® 或 AMD® 多核处理器。

显卡硬件要求为显存 2GB 以上的独立显卡。

RAM 要求为至少 4 GB RAM（建议使用 8 GB 或更大空间）。

磁盘空间要求为 6 GB 可用磁盘空间（用于安装）。

指针设备要求为三键鼠标。

2. 3ds Max 新增功能

（1）三维建模、纹理和效果。

①样条线工作流：借助全新和增强的样条线工具，以多种直观方式创建几何体并对其设置动画。

②开放式明暗处理语言支持：从简单的数学节点到程序纹理，在材质编辑器中创建 OSL 贴图。

③混合框贴图：简化弯曲投影纹理贴图的过程，使可见接缝变形。

④Hair 和 Fur 修改器：使用选择和设计工具（如用于剪切、拂刷的工具），直接在视口中操纵头发和毛发。

⑤数据通道修改器：利用顶点、边和面信息，按程序修改模型。

⑥图形布尔：借助熟悉的三维布尔用户界面在两条或更多样条线上创建参数化布尔运算。

⑦网格与曲面建模：通过基于多边形、细分曲面和样条线的建模功能，高效地创建参数化和有机对象。

⑧切角修改器：创建一流的程序建模细节，以便轻松处理一些非常困难的任务。

（2）三维动画和动力学。

①3ds Max Fluids：在 3ds Max 中直接创建逼真的液体行为。

②运动路径：直接在视口中操纵动画，在场景中进行调整时可获得直接反馈。

③角色动画与装备工具：借助 CAT、Biped 和群组动画工具，创建程序动画和角色装备。

④常规动画工具：使用关键帧和程序动画工具，直接在视口中查看和编辑动画轨迹。

⑤Max Creation Graph 控制器：使用新一代动画工具编写动画控制器，可实现动画创建、修改、打包和共享。

⑥粒子流效果：创建复杂的粒子效果，如水、火、喷射和雪。

⑦轻松导入模拟数据：以 CFD、CSV 或 OpenVDB 格式为模拟数据设置动画。

⑧测地线体素和热量贴图蒙皮：快速轻松地生成更好的蒙皮权重。

（3）三维渲染。

①提高视口质量：作为 OSL 集成的一部分，用户可以使用 Nitrous 视口，显示通过 OSL 以 1∶1 的质量创建的程序贴图。

② Arnold for 3ds Max：MAXtoA 插件已集成到 3ds Max 中，便于用户使用 Arnold 的最新功能。

③物理摄影机：模拟真实摄影机设置，例如快门速度、光圈、景深、曝光等选项。

④ActiveShade 视口：在最终 ActiveShade 渲染中直接操纵场景内容。

⑤Autodesk Raytracer 渲染器（ART）：创建建筑场景的精确图像。

⑥VR 中的场景布局：直接编辑场景并实时查看推回 3ds Max 的更新。

任务拓展

自定义用户界面

自定义用户界面

【步骤 1】显示主工具栏。

启动 3ds Max，进入主界面，在菜单栏中执行"自定义"→"显示 UI"命令，在子菜单中可以选择"主工具栏"，在窗口中显示或隐藏主工具栏，也可以选择"命令面板""功能区""时间滑块""浮动工具栏"等选项，如图 1-13 所示。

【步骤 2】恢复默认设置。

执行菜单栏中"自定义"→"还原为启动 UI 布局"命令，可以还原启动时的软件界面。

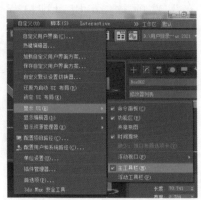

图 1-13 "自定义"菜单

【步骤 3】设置主工具栏。

右击主工具栏左侧，在弹出的快捷菜单中，勾选 / 取消勾选"主工具栏"可以对工具栏进行显示 / 隐藏操作，在"停靠"子菜单下可以选择工具栏停靠的位置，如顶、底、左、右等位置，如图 1-14 所示。

【步骤 4】使用 ViewCube 控制视图。

ViewCube 可以帮助操作者方便地切换显示视图，执行"视图"菜单下的 ViewCube 命令，可以显示 / 隐藏 ViewCube，单击"前"按钮可快速切换到前视图。拖动 ViewCube 可以旋转模型，如图 1-15 所示。

图 1-14 设置工具栏

 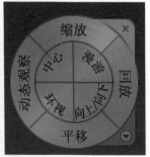

图 1-15 ViewCube（左）和 SteeringWheels（右）

【步骤5】使用 SteeringWheels 控制视图。

执行"视图"→SteeringWheels→"显示 Steering Wheels"命令可以显示出 SteeringWheels，选择相应的功能，使用鼠标可以方便地操作模型和场景的旋转移动。

【步骤6】设置界面颜色。

执行"自定义"→"自定义用户界面"命令，打开"自定义用户界面"对话框，单击"颜色"标签，打开"颜色"选项卡，可以对视口背景颜色进行设置，保存后可以更改视图背景颜色，如图 1-16 所示。

图 1-16　"自定义用户界面"对话框

任务2　设计3ds Max作品

任务分析

3ds Max 软件广泛应用于各种三维模型的制作中。设计一个三维作品大体经过建模、赋予材质、添加灯光、调整摄像机、渲染出图片、后期加工等环节。本任务是一个简单的实例设计过程。

第一个 3D 作品

任务实施

1. 启动 3ds Max 软件

启动 3ds Max 软件后，系统会自动创建一个新文件。在制作之前需要做简单的设置，首先重置文件，单击"文件菜单"![图标]图标，在弹出的下拉菜单中选择"重置"命令。这样系统将恢复默认状态，方便用户操作，如图 1-17 所示。

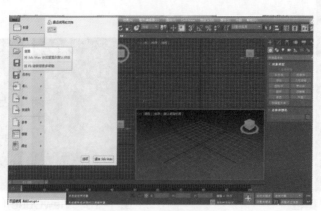

图 1-17　重置文件

2. 设置单位

在菜单栏中执行"自定义"→"单位设置"命令，打开"单位设置"对话框，在"显示单位比例"选项区域中选中"公制"单选按钮，单位选择"厘米"后，单击"确定"按钮，"修改"面板中长度单位以"厘米"为单位，如图1-18所示。

图1-18　单位设置

3. 创建地面模型和茶壶模型

在"新建"面板中的"标准基本体"中选择"长方体"选项后，在透视图中拖曳光标画出长方体的底面后单击，向上移动光标画出长方体的高度后单击，一个长方体模型就建立完成了。在工具栏中选择"移动""旋转""缩放"命令对长方体进行修改，也可以选中模型后在"修改"面板中直接输入参数值进行修改，如图1-19所示。

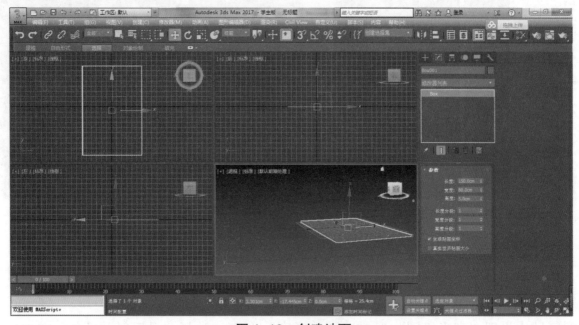

图1-19　创建地面

　　使用同样的方法在"新建"面板中的"标准基本体"中选择"茶壶"选项，在透视图中创建一个茶壶模型，通过"移动""旋转""缩放"命令对茶壶模型进行修整，并将其置于长方体上面，如图1-20所示。

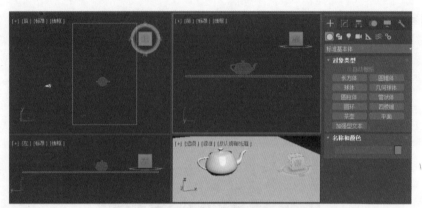

图1-20　创建茶壶

4. 为长方体添加木纹材质

　　选择长方体模型，执行"渲染"→"材质编辑器"→"精简材质编辑器"命令，在打开的"材质编辑器"窗口中选择第一个材质球，在"明暗器基本参数"卷展栏中选择Blinn选项，在"Blinn基本参数"卷展栏中，单击"漫反射"后的贴图按钮，打开"材质/贴图浏览器"对话框，在其中选择"木材"选项后，单击"确定"按钮。在"漫反射颜色"选项组中设置贴图参数，然后单击"将材质指定给选定对象"按钮，如图1-21和图1-22所示。

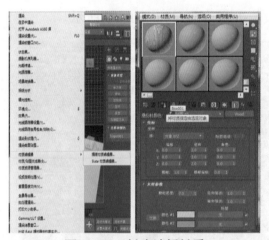

图1-21　创建地板材质

图1-22　地板材质参数

5. 为茶壶添加金属材质

　　在场景中选择茶壶模型，在"材质编辑器"窗口中选择第二个材质球，并将其材质指定给茶壶模型，在"明暗器基本参数"卷展栏中选择"金属"选项，在"反射高光"选项区域中设置"高光级别"为200，"光泽度"为50，选择"漫反射"颜色，在弹出的

"颜色选择器：漫反射颜色"对话框中输入颜色RGB（220, 220, 220）后，单击"确定"按钮，如图1-23所示。

　　在"贴图"面板中选择"反射"选项，单击其后面的"贴图类型"按钮，在弹出的"材质/贴图浏览器"对话框中选择"光线跟踪"选项，单击"确定"按钮，在"颜色选择器：背景色"对话框中，将背景中的环境色改为RGB（220, 220, 220），单击"确定"按钮，如图1-24和图1-25所示。

图1-23　金属材质参数（1）

图1-24　金属材质参数（2）

图1-25　金属材质参数（3）

6.设置灯光

　　选择"创建"→"灯光"→"标准灯光"→"自由聚光灯"选项，或者在"新建"面板中，单击"灯光"按钮，选择"自由聚光灯"选项，在左视图中创建灯光，利用移动、旋转工具，调整灯光的位置，如图1-26所示。

　　选中灯光，单击"修改"按钮，在"修改"面板中启用阴影，如图1-27所示。

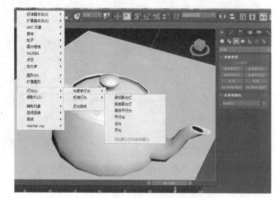

图1-26　创建灯光

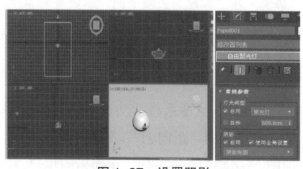

图1-27　设置阴影

7. 渲染

选中透视图，调整模型大小和位置，执行"渲染"菜单中的"渲染"命令（或按〈Shift+Q〉组合键）。单击"保存"按钮将渲染图保存为图像文件，以备后用，如图1-28所示。

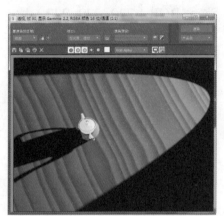

图1-28　渲染效果

必备知识

3ds Max 的"参照坐标系"

使用3ds Max"参照坐标系"下拉列表框可以指定变换（移动、旋转和缩放）所用的坐标系。下拉列表框中的选项分别为"视图""屏幕""世界""父对象""局部""万向""栅格""工作""局部对齐""拾取"。现对前8项进行简单介绍。

1."视图"坐标系

3ds Max视图是系统默认的坐标系，它是"世界"和"屏幕"坐标系的混合体，如图1-29所示。使用"视图"坐标系时，所有正交视图（顶视图、前视图和左视图）都使用"屏幕"坐标系；而透视图使用"世界"坐标系。在"视图"坐标系中，所有选择的正交视图中的 X 轴、Y 轴和 Z 轴都相同：X 轴始终朝右，Y 轴始终朝上，Z 轴始终垂直于屏幕指向用户。

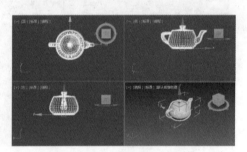

图1-29　"视图"坐标系

【小技巧】

因为坐标系的设置是基于对象的变换，所以首先要选择变换，然后再指定坐标系。如果不希望更改坐标系，可以在3ds Max中执行"自定义"→"首选项"命令，打开"首选项设置"对话框，在"常规"选项卡的"参照坐标系"选项区域中勾选"恒定"复选框，如图1-30所示。

2."屏幕"坐标系

"屏幕"坐标系将活动视图用作坐标系。X 轴为水平方向，正向朝右；Y 轴为垂直方向，正向朝下；Z 轴为深度方向，正向指向用户。因为"屏幕"坐标系模式取决于其他的3ds Max

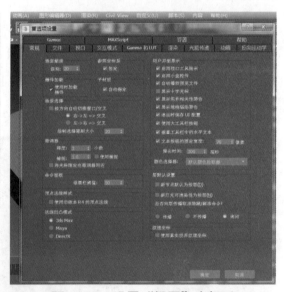

图1-30　设置"视图"坐标系

活动视图，所以非活动视口中的三轴架上的 X 标签、Y 标签和 Z 标签显示当前活动视图的方向。激活该三轴架所在的视图时，三轴架上的标签会发生变化。"屏幕"模式下的坐标系始终相对于观察点，如图 1-31（a）所示。

3. "世界"坐标系

"世界"坐标系从前视图看：X 轴正向朝右；Z 轴正向朝上；Y 轴正向指向背离用户的方向。在顶视图中 X 轴正向朝右，Z 轴正向朝向用户，Y 轴正向朝上。3ds Max "世界"坐标系始终固定，如图 1-31（b）所示。

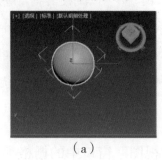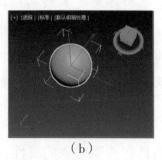

图 1-31　"屏幕"与"世界"坐标系
（a）"屏幕"坐标系；（b）"世界"坐标系

4. "父对象"坐标系

使用选定对象的"父对象"坐标系，如果对象未链接至特定对象，则其为"世界"坐标系，其"父对象"坐标系与"世界"坐标系相同。图 1-32 所示的是一组有链接关系的对象，长方体为球体的父对象，使用"父对象"坐标系后，选中球体，此时球体使用长方体的坐标系，移动球体会沿着长方体坐标滑动。

5. "局部"坐标系

使用选定对象的 3ds Max 坐标系，对象的"局部"坐标系由其轴点支撑。使用"层次"面板上的选项，可以相对于对象调整"局部"坐标系的位置和方向。如果"局部"坐标系处于活动状态，则使用"变换中心"按钮会使其处于非活动状态，并且所有变换使用局部轴作为变换中心，在若干个对象的选择集中，每个对象使用其自身中心进行变换。"局部"坐标系为每个对象使用单独的坐标系，如图 1-32（b）所示。

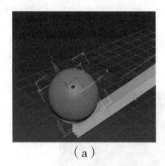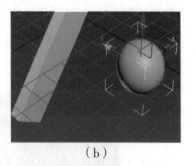

图 1-32　"父对象"与"局部"坐标系
（a）"父对象"坐标系；（b）"局部"坐标系

6."万向"坐标系

"万向"坐标系可以与"Euler XYZ 旋转"控制器一同使用。它与"局部"坐标系类似，但其3个旋转轴互相之间不一定成直角。对于移动和缩放变换，"万向"坐标系与"父对象"坐标系相同。如果没有为对象指定"Euler XYZ 旋转"控制器，则"万向"坐标系的旋转与"父对象"坐标系的旋转方式相同。

【小技巧】

使用"局部"坐标系和"父对象"坐标系围绕一个轴旋转时，用户操作将会更改2个或3个"Euler XYZ 旋转"轨迹，而"万向"坐标系可避免这个问题，即围绕一个Euler XYZ 旋转轴旋转仅更改轴的轨迹，使得功能曲线的编辑工作变得轻松。另外，利用"万向"坐标系的绝对变换输入会将相同的 Euler 角度值用作动画轨迹。

7."栅格"坐标系

"栅格"坐标系具有普通对象的属性，与"视图"窗口中的栅格类似，用户可以设置它的长度、宽度和间距。执行"创建"→"辅助对象"→"栅格"命令后就可以像创建其他物体那样在"视图"窗口中创建一个"栅格"对象，选择"栅格"并右击，从弹出的快捷菜单中选择"激活栅格"选项；当用户选择"栅格"坐标系后，创建的对象将使用与"栅格"对象相同的坐标系。也就是说，"栅格"对象的空间位置确定了当前创建物体的坐标系，如图1-33所示。

图1-33　"栅格"坐标系

8."工作"坐标系

"工作"坐标系可以自定义坐标系。

任务拓展

将坐标轴移动到物体中心

执行命令面板中的"层次"→"轴"命令，在"调整轴"卷展栏中单击"仅影响轴"按钮，在"对齐"选项区域中单击"居中到对象"按钮，然后单击"轴"按钮，再单击"轴"按钮，结束操作，如图1-34所示。

图1-34　移动坐标轴

||||||||||||||||||||||||||||| 项目总结 |||||||||||||||||||||||||||||

　　本项目主要介绍了 3ds Max 的基本界面和常用的工具，使读者对 3ds Max 的功能有了一个大概的了解，3ds Max 本身是一个庞大的综合性三维软件，了解了它的基本属性，意味着向它的学习迈出了第一步，在以后的项目中将通过案例对 3ds Max 的操作进行详细的介绍。

【小技巧】

　　3ds Max 的操作除了使用命令外，还可以使用快捷键以方便使用者快速完成操作，关于视图的快捷键使用如下。

A——角度捕捉开关

B——切换到底视图

C——切换到摄像机视图

D——封闭视窗

E——切换到轨迹视图

F——切换到前视图

G——切换到网格视图

H——显示通过名称选择对话框

I——交互式平移

J——选择框显示切换

K——切换到背视图

L——切换到左视图

M——材质编辑器对话框

N——动画模式开关

O——自适应退化开关

P——切换到透视图

Q——显示选定物体三角形数目

R——切换到右视图

S——捕捉开关

T——切换到顶视图

U——切换到等角用户视图

V——旋转场景

W——最大化视窗开关

X——中心点循环

Y——工具栏界面转换

Z——缩放模式

F1——帮助文件

F3——线框与光滑高亮显示切换

F4——Edged Faces 显示切换

F5——约束到 X 轴方向

F6——约束到 Y 轴方向

F7——约束到 Z 轴方向

F8——约束轴面循环

F11——MAX 脚本程序编辑

F12——键盘输入变换

Delete——删除选定物体

Space——选择集锁定开关

End——进到最后一帧

Home——进到起始帧

Insert——循环子对象层级

Pageup——选择父系

Pagedown——选择子系

Ctrl+A——重做场景操作

Ctrl+B——子对象选择开关

Ctrl+F——循环选择模式

Ctrl+L——默认灯光开关

Ctrl+N——新建场景

Ctrl+O——打开文件

Ctrl+P——平移视图

Ctrl+R——旋转视图模式

Ctrl+S——保存文件

Ctrl+T——纹理校正

Ctrl+T——打开工具箱（NURBS 曲面建模）

Ctrl+W——区域缩放模式

Ctrl+Z——撤销场景操作

Ctrl+Space——创建定位锁定键

Shift+B——视窗立方体模式开关

Shift+A——重做视图操作

Shift+E——以前次参数设置进行渲染

Shift+C——显示摄像机开关

Shift+G——显示网格开关

Shift+F——显示安全框开关

Shift+I——显示最近渲染生成的图像

Shift+H——显示辅助物体开关

Shift+O——显示几何体开关

Shift+L——显示灯光开关

Shift+Q/F9——快速渲染

Shift+P——显示粒子系统开关

Shift+S——显示形状开关

Shift+R/F10——渲染场景

Shift+Z——取消视窗操作

Shift+W——显示空间扭曲开关

Shift+\——交换布局

Shift+4——切换到聚光灯 / 平行灯光视图

Alt+S——网格与捕捉设置

Shift+Space——创建旋转锁定键

Alt+Ctrl+Z——场景范围充满视窗

Alt+Space——循环通过捕捉

Shift+Ctrl+A——自适应透视网线开关

Alt+Ctrl+Space——偏移捕捉

Shift+Ctrl+Z——全部场景范围充满视窗

Shift+Ctrl+P——百分比捕捉开关

1——打开与隐藏工具栏

6——冻结选择物体

7——解冻被冻结物体

IIIIIIIIIIIIIIIIIIIIIIIIIIIIIIIIIIIIIIIIIIII **项目评价** IIIIIIIIIIIIIIIIIIIIIIIIIIIIIIIIIIIIIIIIIIII

在本项目中，学习了 3ds Max 的基本界面及基本操作和 3ds Max 作品的制作过程，通过对本项目内容的学习，完成表 1-1。

表 1-1　项目评价表

评价项目	等级			
	很满意	满意	还可以	不满意
任务完成情况				
与同组成员沟通及协调情况				
知识掌握情况				
体会与经验				

IIIIIIIIIIIIIIIIIIIIIIIIIIIIIIIIIIIIIIIIIIII **实战强化** IIIIIIIIIIIIIIIIIIIIIIIIIIIIIIIIIIIIIIIIIIII

利用 3ds Max 中的标准基本体模型，采用搭积木的方式搭建一个模型，如图 1-35 所示。

图 1-35　积木图

项目 2

3ds Max 建模技术（上）

建模是制作一幅作品的基础，3ds Max 提供了多种创建三维模型的方法，本项目介绍创建基本三维模型及样条线的使用方法。在项目 1 中已经对 3ds Max 的建模技术有了一定的了解，在本项目和项目 3 中，将系统地学习 3ds Max 的建模技术。3ds Max 的建模主要是通过"创建"和"修改"面板来实现的。"创建"面板包含创建对象的控件，创建对象是构建场景的第一步；"修改"面板提供完成建模过程的控件，可以利用它修改创建的对象，修改范围包括从对象的创建参数到模型细节等。

任务1 制作艺术茶几模型

艺术茶几

任务分析

本实例主要通过"标准基本体"面板中的"长方体"和"圆柱体"命令制作一个简易的艺术茶几模型，在制作艺术茶几模型的过程中主要掌握"复制"和"旋转"命令的使用。

任务实施

1. 设置模型长度单位

启动 3ds Max 中文版，执行"自定义"→"单位设置"命令，在打开的"单位设置"对话框中将单位设置成"毫米"，如图 2-1 所示。

2. 创建长方体模型

在顶视图中，执行"创建"→"几何体"→"长方体"命令创建一个"长度"为200，"宽度"为 3 000，"高度"为 50 的长方体，作为艺术茶几横撑，并命名为"茶几腿1"，如图 2-2 所示。

图 2-1 "单位设置"对话框

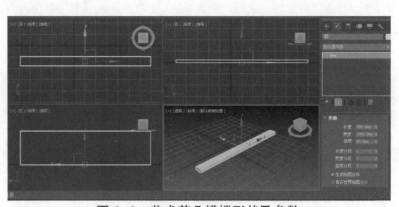

图 2-2 艺术茶几横撑形状及参数

【小技巧】

创建完物体后应立即给物体命名，这样在后面的操作中就可以很轻松地按名称进行选择。

3. 复制长方体模型

选择长方体，单击工具栏中的"选择并移动"按钮，按住键盘上的〈Shift〉键，沿 X 轴拖动到合适位置后松开鼠标，会弹出一个"克隆选项"对话框，选中"实例"单选按钮，然后单击"确定"按钮，制作茶几横撑的另一条腿，使用"旋转"命令将坐标轴中的 Z 轴参数改为90，命名为"腿2"，如图2-3所示。

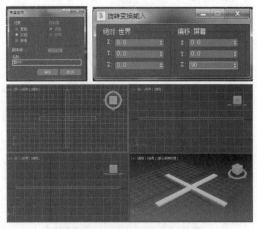

图2-3　复制长方体模型

【小技巧】

选中"实例"单选按钮，可以复制一个新的三维模型，如果修改其中一个，其他模型会跟随改变，当我们复制的模型完全一样时一定用此选项；如果模型不完全一样时，需要进行修改，应选中"复制"单选按钮。

4. 创建艺术茶几竖撑

再次使用"复制"命令复制一个长方体，并将宽度改为1 500，使用"旋转"命令将其坐标轴中的 Y 轴参数改为 -65，如图2-4所示。

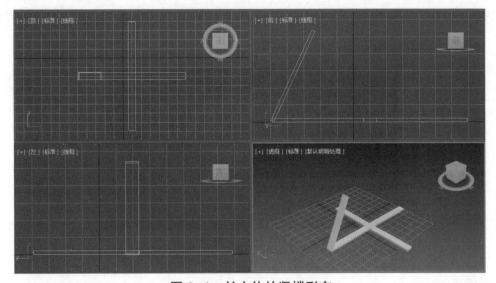

图2-4　长方体的竖撑形态

【小技巧】

执行"所有视图最大化显示"命令时，可以使用快捷键〈Z〉键。

5. 阵列艺术茶几竖撑

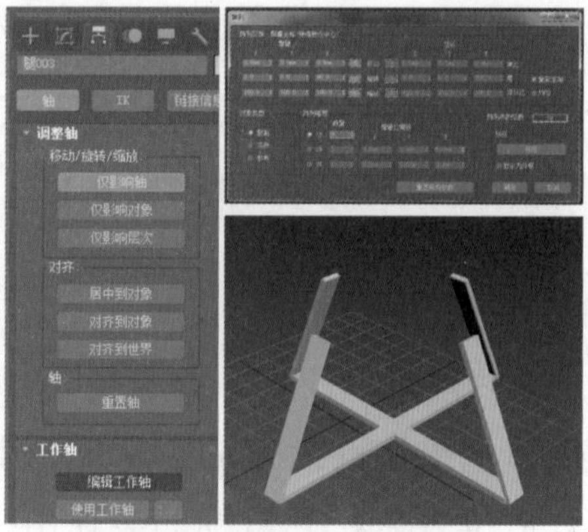

选中"竖撑"模型，执行"层次"→"轴"→"仅影响轴"命令，将短长方体的轴移至两个长长方体的交界中心，再次单击"仅影响轴"按钮完成操作，如图 2-5 所示；执行主工具栏中的"工具"→"阵列"命令，将 Z 轴中"旋转"设为 90，复制"数量"设为 4，单击"确定"按钮。

图 2-5　阵列茶几横撑

6. 制作艺术茶几面

在顶视图中，执行"创建"→"几何体"→"圆柱体"命令，创建一个"半径"为 1 500，"高度"为 150，"边数"为 50 的圆柱体，作为艺术茶几面，效果如图 2-6 所示。

图 2-6　艺术茶几面效果

7. 保存文件

艺术茶几最终效果如图 2-7 所示，执行"文件"菜单中的"保存"命令，将此模型保存为"艺术茶几模型 .max"。

图 2-7　艺术茶几最终效果

必备知识

场景中实体 3D 对象和用于创建它们的对象，称为几何体。标准基本体是利用 3ds Max 系统配置的几何体创建的，包括长方体、圆锥体、球体、几何球体、圆柱体、管状体、圆环、四棱锥、茶壶、平面、加强型文本等 11 种。用户可使用它们组合成其他几何体或在这些标准基本体基础上运用各种修改器创建其他模型。

通过"创建"面板创建标准基本体，"创建"面板是命令面板的默认状态，如图 2-8 所示。3ds Max 包含的 11 个标准基本体可以在视图窗口中通过使用鼠标轻松创建，而且大多数标准基本体也可以通过使用键盘创建。

图 2-8 "创建"面板

1. 长方体的创建

长方体是 3ds Max 中最为简单和常用的几何体，其形状由长度、宽度和高度 3 个参数确定，如图 2-9 所示。

2. 圆锥体的创建

使用"创建"面板上的"圆锥体"按钮可以创建直立或倒立的圆锥体、圆台体、棱锥体、棱台体以及它们的局部模型，如图 2-10 所示。其形状由半径 1（底面半径）、半径 2（顶面半径）和高度 3 个参数确定。

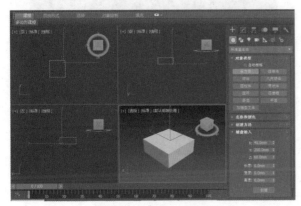

图 2-9 长方体模型

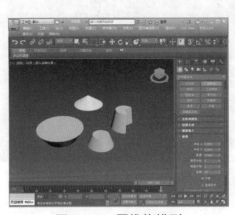

图 2-10 圆锥体模型

【小技巧】

"启用切片"复选框用于控制物体是否被分割，当该复选框被选中时，可创建不同角度的扇面锥体。其他旋转体（如球体、圆柱体、管状体等）均有此复选框。

3. 球体的创建

使用"创建"面板上的"球体"按钮可以创建完整的球体、半球体或球体的其他部分。其形状主要由半径和分段两个参数确定，如图 2-11 所示。

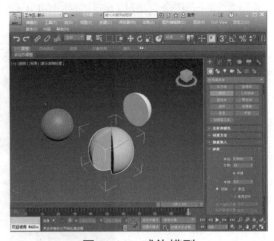

图 2-11 球体模型

【小技巧】

在"参数"卷展栏中，设置"半球"为0.5，则球体将缩小为上半部分，创建半球。

4.几何球体的创建

几何球体与球体是两种不同的标准几何体，几何球体是用多面体来逼近的几何球体，球体则是通常意义上的球体。球体表面由许多四角面片组成，而几何球体表面由许多三角面片组成，如图2-12所示。

5.圆柱体的创建

使用"创建"面板上的"圆柱体"按钮可以创建圆柱体、棱柱体及它们的局部模型，如图2-13所示。其形状由半径、高和边数3个参数确定。

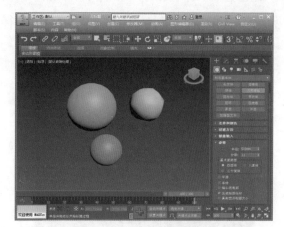

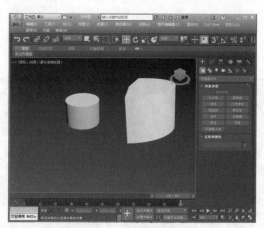

图2-12　几何球体模型　　　　　　　　　图2-13　圆柱体模型

6.圆环

使用"创建"面板上的"圆环"按钮可以创建一个环形或具有圆形横截面的环，不同参数进行组合还可以创建不同的变化效果，如图2-14所示。

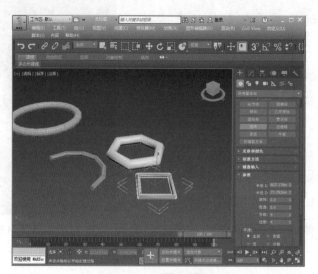

图2-14　圆环模型

【小技巧】

　　"分段"参数是对长方体做修改和渲染用的。例如，给长方体添加弯曲修改器时，段数越多，对物体进行修改后的变化越平滑，渲染效果越好。但随着段数值的增加，计算量就越大，同时也要耗费更多的内存。因此设置段数时，在不影响效果的情况下应尽可能小（创建其他几何体时，有关段数的设置同样如此，此后不再说明）。

任务拓展

制作吊扇

制作吊扇

【步骤1】首先启动 3ds Max，执行"自定义"→"单位设置"命令，在打开的"单位设置"对话框中将单位设置成"毫米"。

【步骤2】在顶视图中，执行"创建"→"几何体"→"标准基本体"→"圆锥体"命令，创建一个"半径1"为100，"半径2"为150，"高度"为150的圆锥体，如图2-15所示。

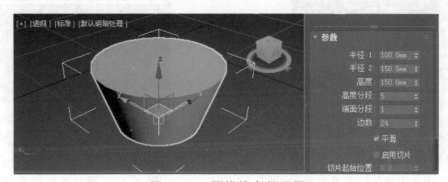

图2-15　圆锥体参数设置

【步骤3】选择圆锥体，单击工具栏中的"选择并移动"按钮，按住键盘上的〈Shift〉键，沿 X 轴拖动到合适位置后松开鼠标，会弹出一个"克隆选项"对话框，选择"复制"选项，然后单击"确定"按钮，使用"旋转"命令将坐标轴中的 X 轴参数改为 –180。并利用"移动"命令将坐标轴中的 Z 轴参数改为 –500，如图2-16所示。

图2-16　旋转及移动的参数设置

【步骤4】复制圆锥体位置及效果如图2-17所示。

图 2-17   复制圆锥体位置及效果

【步骤 5】在顶视图中，单击"创建"→"几何体"→"圆柱体"按钮，创建一个"半径"为 20，"高度"为 500 的圆柱体，并将"移动"命令中的坐标参数设置为如图 2-18 所示的值。

【步骤 6】在顶视图中，继续创建一个"半径"为 250，"高度"为 50 的圆柱体，将"移动"命令中的坐标参数设置为如图 2-19 所示的值。

图 2-18   圆柱体位置及参数 1

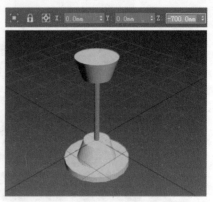

图 2-19   圆柱体位置及参数 2

【步骤 7】继续在顶视图中创建一个"长度"为 100，"宽度"为 90，"高度"为 10 的长方体，将"移动"命令中的坐标参数设置为如图 2-20 所示的值。

【步骤 8】再在顶视图中创建一个"长度"为 1200，"宽度"为 200，"高度"为 30 的长方体，将"移动"命令中的坐标参数设置为如图 2-21 所示的值。

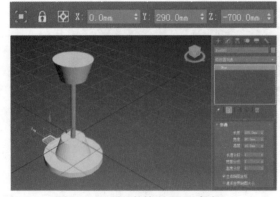

图 2-20   长方体位置及参数 1

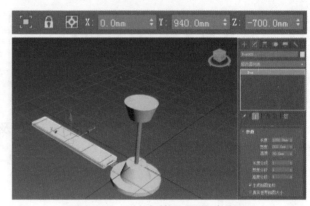

图 2-21   长方体位置及参数 2

【步骤9】选择长方体右击，在出现的快捷菜单中选择"转换为"→"转换为可编辑多边形"选项，将长方体转换为可编辑多边形，在修改器窗口中，依次单击"修改"→"选择"→"顶点"按钮，用"挤压"命令 ▦ 制作扇叶，效果如图 2-22 所示。

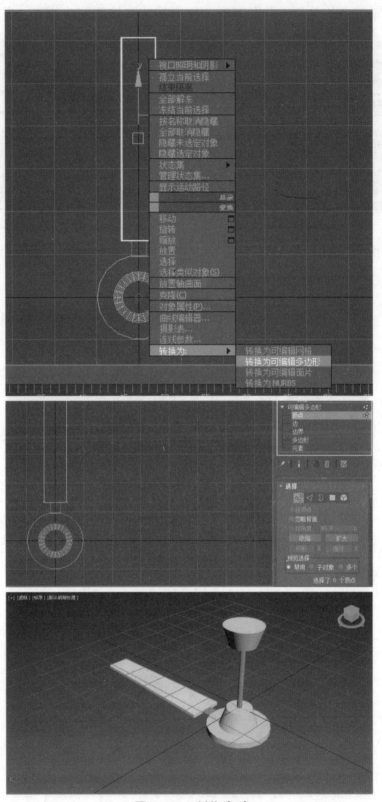

图 2-22 制作扇叶

【步骤10】同时选择扇叶的上下两个部分，执行"组"→"组"命令，将组名命名为"扇叶"，如图2-23所示。

【步骤11】单击"层次"→"轴"→"仅影响轴"按钮，将长方体的轴移至圆柱体的中心，X轴与Y轴参数均为0，再次单击"仅影响轴"按钮完成操作，如图2-24所示。

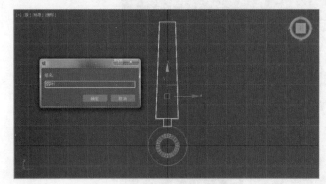

图2-23　扇叶最终效果图

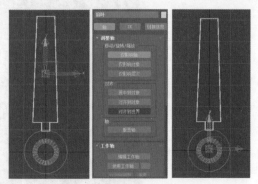

图2-24　按轴对齐位置

【步骤12】执行工具栏中的"工具"→"阵列"命令，将Z轴中"旋转"设为120，复制"数量"为3，单击"确定"按钮，如图2-25所示。

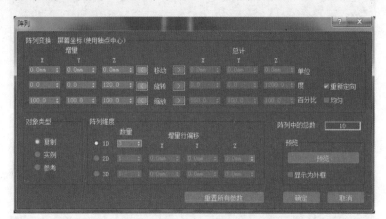

图2-25　阵列参数设置

【步骤13】吊扇最终效果如图2-26所示，最后单击菜单栏中的"保存"按钮，将此模型保存为"吊扇.max"。

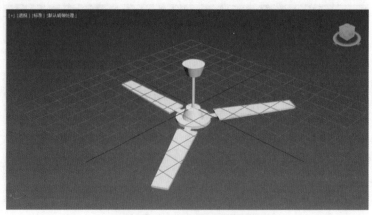

图2-26　吊扇最终效果

任务2　制作凉亭模型

任务分析

创建凉亭模型时，首先，创建一个圆锥体、一个球体、一个切角圆柱体和4个切角长方体，制作凉亭的亭顶；其次，创建4个圆柱体，制作凉亭的亭柱；然后，使用C形体、软管、油罐和球棱柱等工具制作凉亭的靠背横条；最后，使用长方体和L形体工具制作凉亭的地基和台阶。

任务实施

制作凉亭

1. 设置模型长度单位

首先启动 3ds Max 中文版，执行"自定义"→"单位设置"命令，在打开的"单位设置"对话框中将单位设置为"毫米"。

2. 创建球体

执行"创建"→"几何体"→"标准基本体"→"球体"命令，在透视图中单击并拖动光标创建一个球体，其参数设置如图 2-27 所示。

3. 创建圆锥体

执行"创建"→"几何体"→"标准基本体"→"圆锥体"命令，在透视图中单击并拖动光标创建一个圆锥体，其参数设置如图 2-28 所示。

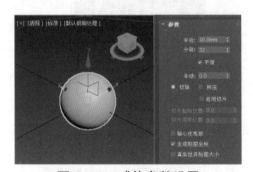
图 2-27　球体参数设置

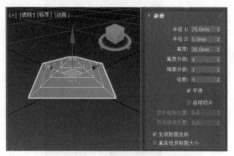
图 2-28　圆锥体参数设置

4. 移动圆锥体

单击"选择并移动"按钮，将球体移动到圆锥体的正上方作为凉亭亭顶，效果如图 2-29 所示。

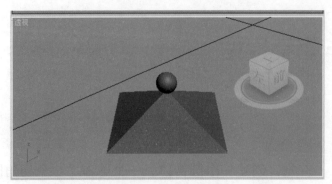

图2-29　将球体移动到圆锥体上方效果

【小技巧】

　　移动球体时，可分别在左视图、前视图、顶视图和透视图中移动，以方便将球体移动到圆锥体的合适位置。

5. 设置切角圆柱体的创建方法

　　执行"创建"→"几何体"→"扩展基本体"→"切角圆柱体"命令，在打开的"创建方法"卷展栏中设置切角圆柱体的创建方法为"中心"，如图2-30所示。

6. 创建切角圆柱体

　　创建一个切角圆柱体，作为凉亭亭顶的檐，并调整其位置，其参数设置如图2-31所示。

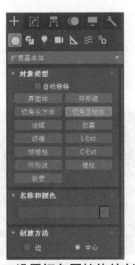

图2-30　设置切角圆柱体的创建方法　　　　图2-31　切角圆柱体的参数设置

7. 设置切角长方体的创建方法

　　执行"创建"→"几何体"→"扩展基本体"→"切角长方体"命令，在打开的"创建方法"卷展栏中设置切角长方体的创建方法为"长方体"，如图2-32所示。

8. 创建切角长方体

创建一个切角长方体，其参数设置如图 2-33 所示。

图 2-32　设置切角长方体的创建方法

图 2-33　切角长方体的参数设置

9. 单亭顶完成

利用移动克隆和旋转克隆的方法将前面创建的切角长方体再复制 3 个，并调整 4 个切角长方体的位置和角度，将它们作为凉亭亭顶的横梁，效果如图 2-34 所示。

图 2-34　单亭顶的效果

10. 组合模型

同时选择除小球外的部分，执行"组"→"组"命令，将组命名为"亭顶"，单击"确定"按钮，效果如图 2-35 所示。

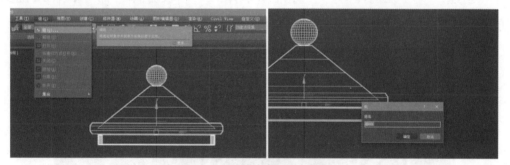

图 2-35　组合操作及效果

11. 双亭顶完成

单击成组后的亭顶，使用工具栏中的"镜像" 按钮，镜像轴为 X，偏移为 0，复制当前选择，选择"复制"选项，单击复制后的图像执行"均匀缩放" 命令，向下移动调整至合适位置，效果如图 2-36 所示。

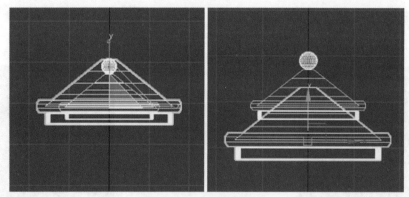

图 2-36　双亭顶效果

12. 创建亭柱

执行"创建"→"几何体"→"标准基本体"→"圆柱体"命令，在顶视图中创建 4 个圆柱体，作为凉亭的亭柱，圆柱体的参数和效果如图 2-37 所示。

图 2-37　圆柱体的参数和效果

13. 创建地基

执行"创建"→"几何体"→"标准基本体"→"长方体"命令，在顶视图中创建一个长方体，作为凉亭的地基，长方体的参数和效果如图 2-38 所示。

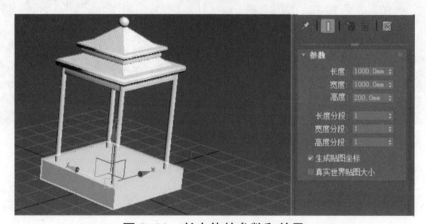

图 2-38　长方体的参数和效果

14. 设置 C 形体的创建方法

执行"创建"→"几何体"→"扩展基本体"→"C-Ext"命令，在打开的"创建方法"卷展栏中设置 C 形体的创建方法为"角点"，如图 2-39 所示。

15. 设置 C 形体参数

在顶视图中创建一个 C 形体，按照图 2-40 设置其参数，然后将 C 形体绕 Z 轴旋转 90°，并调整其位置，作为凉亭的座椅。

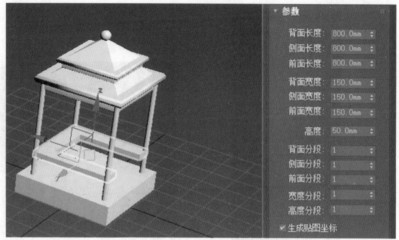

图 2-39　设置 C 形体的创建方法　　　　图 2-40　C 形体的参数和位置

16. 设置球棱柱的创建方法

执行"创建"→"几何体"→"扩展基本体"→"球棱柱"命令，在打开的"创建方法"卷展栏中设置球棱柱的创建方法为"中心"，如图 2-41 所示。

17. 创建石柱

在顶视图中创建一个"边数"为 5，"半径"为 30，"圆角"为 5，"高度"为 200 的球棱柱，然后利用移动克隆的方法再复制 11 个球棱柱，并调整球棱柱的位置，作为凉亭座椅下方的石柱，如图 2-42 所示。

图 2-41　设置球棱柱的创建方法　　　　图 2-42　球棱柱的参数和最终效果

18. 设置油罐的创建方法

执行"创建"→"几何体"→"扩展基本体"→"油罐"命令，在打开的"创建方法"卷展栏中设置油罐的创建方法为"中心"，如图 2-43 所示。

19. 制作靠背横条

在顶视图中创建一个油罐，并调整油罐的角度和位置，作为凉亭一侧的靠背横条，油罐的参数和效果如图 2-44 所示。

图 2-43 设置油罐的创建方法   图 2-44 油罐的参数和效果

20. 复制靠背横条

在顶视图利用移动克隆的方法再复制出两个油罐，并调整其角度和位置，制作出凉亭座椅其他侧的靠背横条，效果如图 2-45 所示。

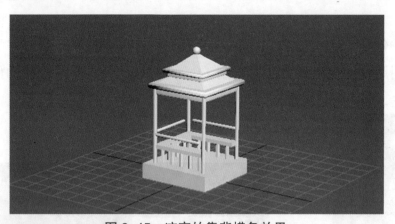

图 2-45 凉亭的靠背横条效果

21. 制作靠背支柱

执行"创建"→"几何体"→"扩展基本体"→"软管"命令，在顶视图中创建一个软管，软管的参数和效果如图 2-46 所示，然后利用移动克隆的方法再复制 20 个软管，并调整各软管的角度和位置，作为凉亭的靠背支柱。

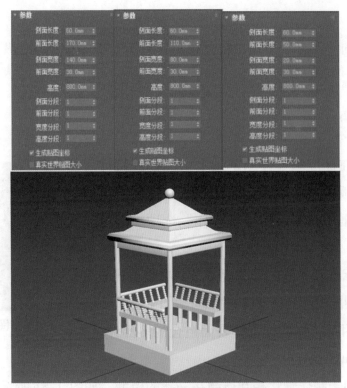

图 2-46　软管的参数和效果

22. 设置 L 形体的创建方法

执行"创建"→"几何体"→"扩展基本体"→"L-Ext"命令，在打开的"创建方法"卷展栏中设置 L 形体的创建方法为"角点"，如图 2-47 所示。

23. 调整 L 形体的参数

在顶视图中创建一个 L 形体，调整 L 形体的角度和位置，再复制两个 L 形体，作为凉亭的台阶，L 形体的参数和效果如图 2-48 所示。

图 2-47　L 形体的创建方法

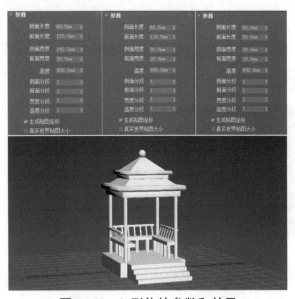

图 2-48　L 形体的参数和效果

24. 保存文件

单击菜单栏中的"保存"按钮，将此模型保存为"凉亭模型 .max"。

必备知识

扩展基本
体使用

1. 扩展基本体的介绍

扩展基本体是在标准基本体的基础上增加扩展特性后的几何体。在"创建"面板中单击 标准基本体 ▾ 右侧的下三角按钮，在打开的下拉列表框中选择"扩展基本体"选项，即可显示扩展基本体对象类型。

扩展基本体比标准基本体的形态更复杂，参数也比较多，因此能够制作出更为复杂的模型。图 2-49 中显示了 13 种扩展基本体。

图 2-49　扩展基本体

（1）异面体：用于制作各种奇特表面组合的多面体，如钻石、链子球等，如图 2-50 所示。

（2）环形结：用于制作管状相互连缠在一起的模型，如图 2-51 所示。

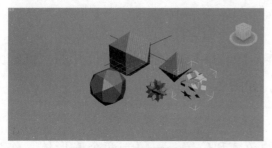

图 2-50　异面体模型

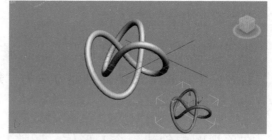

图 2-51　环形结模型

（3）切角长方体：用于制作边缘有倒角的长方体，倒角可以使对象更圆滑、真实，如桌面、方柱等模型，如图 2-52 所示。

（4）切角圆柱体：用于制作边缘有倒角的柱体，如坐垫、塞子等模型，如图 2-53 所示。

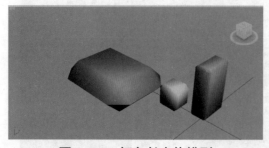

图 2-52　切角长方体模型

图 2-53　切角圆柱体模型

（5）油罐：用于制作带有球体凸出顶部的柱体，如油桶等模型，如图 2-54 所示。

（6）胶囊：用于制作两端带有半球的圆柱体，与胶囊形态相近，如图 2-55 所示。

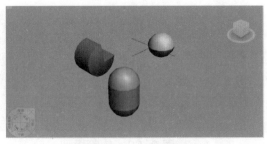

图 2-54 油罐模型

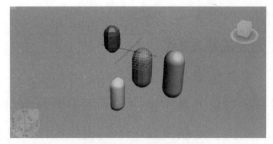

图 2-55 胶囊模型

（7）纺锤：用于制作两端为圆锥尖顶的柱体，如纺锤等模型，如图 2-56 所示。

（8）L-Ext：用于制作 L 形夹角的立体墙模型，如图 2-57 所示。

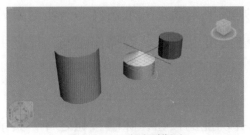

图 2-56 纺锤模型

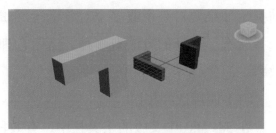

图 2-57 L 形体模型

（9）球棱柱：用于制作具有不规则边缘的特殊棱柱，一般用于动画制作中，如图 2-58 所示。

（10）C-Ext：用于制作 C 形夹角的立体墙模型，如图 2-59 所示。

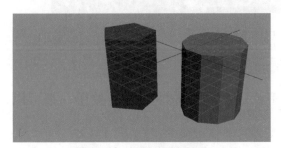

图 2-58 球棱柱模型

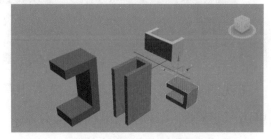

图 2-59 C 形体模型

（11）环形波：用于创建不规则内部边和外部边的环形，一般用于动画制作中，如图 2-60 所示。

（12）棱柱：用于制作等腰不等边的三棱柱模型，如图 2-61 所示。

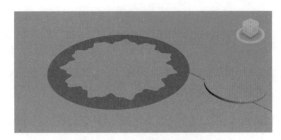

图 2-60 环形波模型

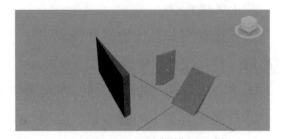

图 2-61 棱柱模型

（13）软管：用于制作一种可以连接在两个对象之间的可变形物体，一般用于动画制作中，如图 2-62 所示。

2.对象的基本操作

图 2-62   软管模型

要熟练掌握 3ds Max 的使用方法，必须先掌握有关对象的基本操作。下面主要介绍对象的选择、变换、复制及成组等的相关操作，这些都是学好 3ds Max 的基本知识。

1）选择

在 3ds Max 中，所有的操作都是建立在选择的基础上的，选择对象是进行一切操作的前提，如果要对一个或多个对象进行编辑修改，则必须先满足一个条件——使对象处于选择状态。选择的方法有多种，运用合理有效的方法可以大大节省操作时间，提高工作效率。

（1）使用选择按钮

在 3ds Max 中文版的工具栏中，有 8 种具有选择功能的按钮，除■按钮之外，其余的工具按钮都具有多重功能。工具栏中具有选择功能的按钮如图 2-63 所示。

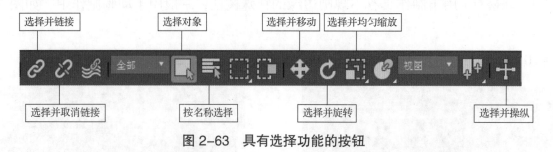

图 2-63   具有选择功能的按钮

在视图中创建了对象之后，激活工具栏中任意一个具有选择功能的按钮，都可以通过单击来选择对象或拖曳鼠标框选对象。

在视图中的空白位置处单击，可以取消对象的选择状态；单击其他的对象，则在选择该对象的同时取消前面已被选择的对象。

按住〈Ctrl〉键的同时依次单击其他对象，可以选择多个对象。

按住〈Alt〉键的同时单击已经被选择的对象，可以取消其选择状态。

（2）区域选择

区域选择对象是使用鼠标拖曳出一个虚线框，根据虚线框所围成的选择区域来选择对象的一种方法，具体操作方法如下。

①单击工具栏中的■按钮，在视图中拖曳光标来建立选择区域。

②单击工具栏中的■按钮，在视图中的空白位置处拖曳光标，可以建立矩形选择区域；单击■按钮，在视图中的空白位置处拖曳光标，可以建立圆形选择区域；单击■按钮，在视图中多次单击，可以建立任意形状的多边形选择区域；单击■按钮，在视图中拖曳光

标，可以建立任意形状的曲线选择区域；单击█按钮，可以通过随意拖曳光标来选择多个
对象。

③按住〈Ctrl〉键的同时继续框选对象，可以增加选择对象；按住〈Alt〉键的同时继
续框选对象，可以将被选择的对象从选择集中删除。

（3）根据名称选择

在 3ds Max 中创建对象时，系统将为创建的
对象自动命名，因此，用户除了用上述两种方法
选择对象外，还可以根据名称选择对象。如果创
建的场景比较复杂，并且对象之间有重叠，采用
这种方法可以既快捷又准确地选择对象。

单击工具栏中的█按钮，或者按下〈H〉键，
将弹出"从场景选择"对话框，如图 2-64 所示，
通过该对话框可以根据名称选择对象。

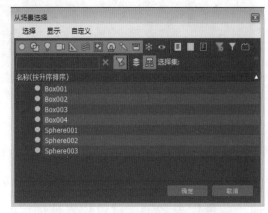

图 2-64 "从场景选择"对话框

（4）过滤选择

当场景中包含了几何体、灯光、图形、摄影机（相机）等多种类型的对象时，可以
通过 3ds Max 中文版的过滤功能来选择对象。使用过滤功能可以进一步缩小选择范围，
使操作更容易实现。例如，在复杂的场景中只想选择某一盏灯光，可以单击工具栏中的
"选择过滤器"按钮，在其中选择"灯光"选项即可，如图 2-65 所示，这样就过滤掉了
其他对象，再使用前面介绍的方法进行选择就比较方便了。

图 2-65 选择过滤器

2）变换

对象的变换主要有移动、旋转和缩放 3 种，分别可以通过选择并移动工具、选择并旋
转工具和选择并均匀缩放工具实现。通过前面的学习可知，这 3 个工具除了自身具备的功
能外，还具有选择对象的功能。下面介绍这 3 种工具的变换功能。

（1）选择并移动工具

选择并移动工具用于选择对象并对其进行移动操作。只要激活该按钮，便可以根据
特定的坐标系与坐标轴对选择的对象进行移动操作。操作时，要注意当前坐标轴的选择，
当前坐标轴显示为黄色，图 2-66 所示的 X 轴便是当前坐标轴。

选择某个对象后，在"选择并移动"█按钮上右击，将弹出"移动变换输入"对话
框，在该对话框中输入数值后，可以精确地移动对象，如图 2-67 所示。

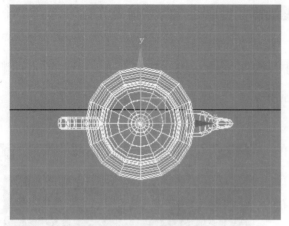

图 2-66　当前坐标轴

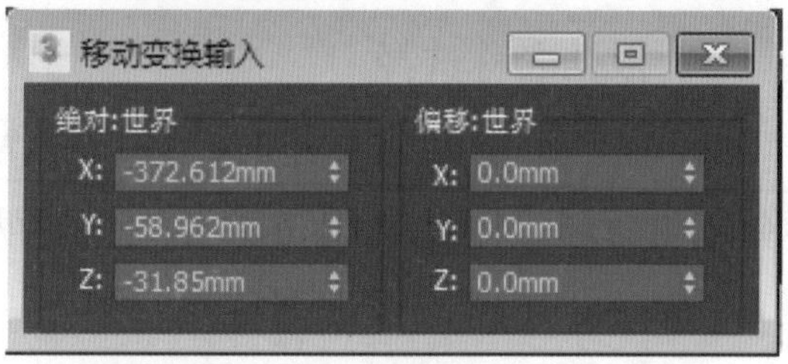

图 2-67　"移动变换输入"对话框

（2）选择并旋转工具

选择并旋转工具用于选择对象并对其进行旋转操作，其用法与选择并移动工具相同。使用选择并旋转工具进行旋转操作时要注意坐标轴的识别，红色代表 X 轴、绿色代表 Y 轴、蓝色代表 Z 轴，黄色代表被锁定的轴。对象在旋转过程中的状态如图 2-68 所示。

选择了某个对象后，激活 ⟳ 按钮并在该按钮上右击，将弹出"旋转变换输入"对话框，在该对话框中输入数值后，可以精确地旋转对象，如图 2-69 所示。

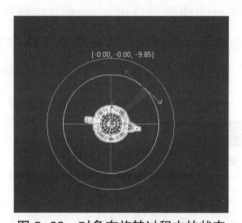

图 2-68　对象在旋转过程中的状态

图 2-69　"旋转变换输入"对话框

（3）选择并均匀缩放工具

选择并均匀缩放工具除了选择并均匀缩放外，单击 ▣ 按钮并按住鼠标左键不放，还可以发现有两个隐藏按钮——"选择并非均匀缩放" ▣ 按钮和"选择并挤压" ▣ 按钮，创建模型时，使用它们也可以对模型进行缩放操作。

① 选择并均匀缩放工具：在 3 个轴向（X、Y、Z）上进行等比例缩放，只改变对象的体积，不改变其形态。

② 选择并非均匀缩放工具：在指定的坐标轴上进行不等比例缩放，其体积与形态都会发生变化。

③ 选择并挤压工具：在指定的坐标轴上做挤压变形，保持原体积不变而形态发生变化。

上述 3 个缩放工具与其他变换工具的使用相同，通过在该按钮上右击，在弹出的"缩放变换输入"对话框中输入数值，可以精确地缩放对象，如图 2-70 所示。

图 2-70 "缩放变换输入"对话框

3）复制

复制对象是指将选择的对象制作出精确的复制品，这是建模工作中的一项重要内容。复制对象的方法很多，如可以利用快捷键复制对象，也可以利用工具栏中的工具按钮复制对象，如镜像工具、空间工具、快照工具和阵列工具等，这几种工具既是变换工具，也是复制工具，使用频率非常高，添加这些工具的方法是，右击工具栏空白处，在弹出的对话框中选择要添加的工具即可。

（1）变换复制

移动工具、旋转工具和缩放工具除了可以进行变换操作外，还可以配合〈Shift〉键进行复制操作。首先选择一个对象，然后按住〈Shift〉键将其沿某个坐标轴进行变换（移动、旋转、缩放），将弹出图 2-71 所示的"克隆选项"对话框，在该对话框中设置复制的方式、数量及名称后单击"确定"按钮，即可完成变换复制。

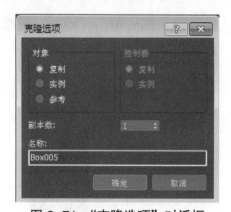

图 2-71 "克隆选项"对话框

"复制"单选按钮：选中该单选按钮后，将以所选对象为母本，建立一些互不相关的复制品。

"实例"单选按钮：选中该单选按钮后，将以所选对象为母本，建立一些相互关联的复制品，改变其中一个对象时，其他的对象也会随之发生变化。

"参考"单选按钮：选中该单选按钮后，将以所选对象为母本，建立单向的关联复制品，即改变母本对象时，复制的对象也随之变化，但是改变复制对象时，则不会影响母本对象。

"副本数"微调框：用于设置复制对象的数量。

"名称"文本框：用于设置复制出的新对象的名称。

（2）镜像复制

镜像工具位于主工具栏中，用于建立一个或多个对象的镜像，既可以在镜像对象的同时复制，也可以只镜像不复制，并且可以沿不同的坐标轴进行偏移镜像。

在进行镜像操作时，首先要选择对象，然后单击工具栏中的"镜像" ▊▊▊按钮，将弹出"镜像：屏幕 坐标"对话框，如图 2-72 所示。在该对话框中可以设置镜像轴、镜像方式及偏移值，单击"确定"按钮，即可完成镜像操作。

"镜像轴"选项区域：用于选择镜像的对称轴。

"偏移"微调框：用于设置镜像对象与原对象之间的距离，该距离通过轴心点来计算。

"克隆当前选择"选项区域：用于选择复制方式，除了可以将所选对象进行镜像外，还可以将其镜像复制。

（3）阵列复制

在进行阵列操作前，首先右击工具栏空白处，在弹出的快捷菜单中选择"附加"选项，单击▦按钮右下角处不放，可弹出阵列工具、快照工具、间隔工具和克隆并对齐工具等，如图2-73所示。

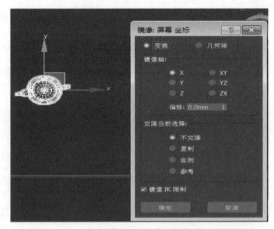

图2-72 "镜像：屏幕 坐标"对话框

①阵列工具：用于产生一维、二维和三维的阵列复制。在使用该工具时，需要先选择对象，然后单击"阵列"▦按钮，这时将弹出"阵列"对话框，如图2-74所示。在该对话框中可以设置阵列的轴向、数量、类型等，单击"确定"按钮，即可阵列复制所选对象。

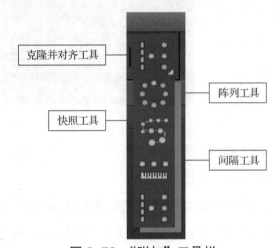

图2-73 "附加"工具栏

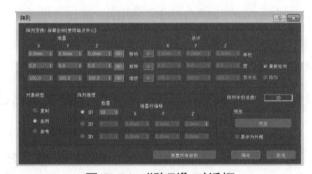

图2-74 "阵列"对话框

②快照工具：用于将特定帧中的对象以当前的状态复制出一个新的对象，一般在动画制作中使用。在使用该工具时，同样需要先选择对象，然后单击"快照"▦按钮，这时将弹出"快照"对话框，如图2-75所示，根据需要设置好参数后单击"确定"按钮即可。

③间隔工具：用于在一条曲线路径上将所选对象进行复制，可以整齐均匀地进行排列，也可以设置其间距。在使用该工具时，要先选择对象，然后单击"间隔"▦按钮，这时将弹出"间隔工具"对话框，如图2-76所示。单击对话框中的"拾取路径"按钮，在视图中拾取路径，可以沿路径进行复制；单击对话框中的"拾取点"按钮，可以在视图中指定的两点之间进行复制。

④克隆并对齐工具：使用该工具可以将当前所选对象分布在目标对象上。在使用该工

具时，首先要选择对象，然后单击"克隆并对齐"██按钮，将弹出"克隆并对齐"对话框，如图 2-77 所示。在该对话框中单击"拾取"按钮，指定目标对象，然后设置相关参数单击"应用"按钮即可。

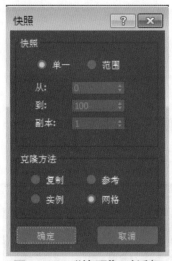

图 2-75　"快照"对话框

图 2-76　"间隔工具"对话框

图 2-77　"克隆并对齐"对话框

4）隐藏、显示与冻结

在效果图制作过程中，为了便于观察与操作，经常需要对场景中的对象进行隐藏、显示与冻结操作。要隐藏、显示或冻结对象，可以通过以下两种方法实现——快捷菜单和"显示"面板。

（1）快捷菜单

在视图中选择要隐藏、显示或冻结的对象并右击，从弹出的快捷菜单中选择相应命令，即可完成对象的显示、隐藏或冻结操作，如图 2-78 所示。

（2）"显示"面板

"显示"面板主要用于控制场景中各种对象的显示情况。通过显示、隐藏、冻结等控制可以更好地完成动画、效果图的制作，加快画面的显示速度。"显示"面板如图 2-79 所示。

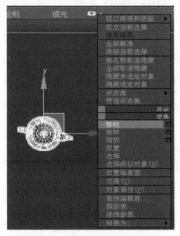

图 2-78　快捷菜单

图 2-79　"显示"面板

"显示颜色"卷展栏：用于设置视图中对象及线框的显示颜色。

"按类别隐藏"卷展栏：用于设置视图中对象的隐藏类型。

"隐藏"卷展栏：用于隐藏对象，从而加快显示速度。

"冻结"卷展栏：用于冻结视图中的对象，以避免发生误操作。

"显示属性"卷展栏：用于控制所选对象的显示属性。

"链接显示"卷展栏：用于控制层级链接的显示情况。

5）对齐与捕捉

在效果图的建模过程中，为了确保位置的精确性，经常要使用对齐与捕捉功能。

（1）对齐

对齐就是通过移动被选择的对象，使它与指定对象自动对齐。先选择要对齐的对象，单击工具栏中的 ▣ 按钮，然后在视图中选择对齐的目标对象，将弹出"对齐当前选择"对话框，如图 2-80 所示。在该对话框中可以设置对齐的位置、方向与匹配比例等。

"对齐位置"选项区域：用于指定对齐的方式，包括对齐位置的坐标轴、当前对象与目标对象的设置。

"对齐方向（局部）"选项区域：用于指定对齐方向的坐标轴，根据对象自身坐标系统完成，可根据需要自由选择 3 个轴向。

"匹配比例"选项区域：将目标对象的缩放比例沿指定的坐标轴施加到当前的对象上。要求目标对象已经进

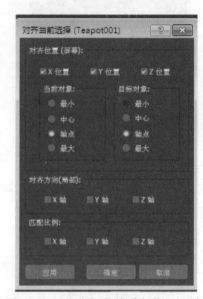

图 2-80　"对齐当前选择"对话框

行了缩放修改，系统会记录缩放的比例，将比例值应用到当前对象上。

（2）捕捉

制作效果图时经常需要使用空间捕捉功能进行精确定位。3ds Max 中提供了多种捕捉功能，最常用的捕捉功能是空间捕捉和角度捕捉。

①空间捕捉分为二维捕捉、2.5 维捕捉和三维捕捉 3 种形式。

二维捕捉：只捕捉当前栅格平面上的点、线等，适用于在绘制平面图时捕捉各坐标点。

2.5 维捕捉：不但可以捕捉到当前平面上的点、线等，还可以捕捉到三维空间中的对象在当前平面上的投影，适用于勾勒三维对象轮廓。

三维捕捉：直接捕捉空间中的点、线等，为建筑模型安置门窗时经常使用该功能。

单击"三维捕捉" ▣ 按钮打开捕捉功能后，在该按钮上右击，将弹出"栅格和捕捉设置"对话框，如图 2-81 所示，用户可以在"捕捉"选项卡中任意选择捕捉方式。

②角度捕捉主要用于精确旋转对象。使用它可以有效地控制旋转单位，默认情况下，

对象旋转一下的转动角度为5°。在"角度捕捉" 按钮上右击，会弹出"栅格和捕捉设置"对话框，如图2-82所示。在"选项"选项卡中可以修改转动的角度。

图2-81 "栅格和捕捉设置"对话框1

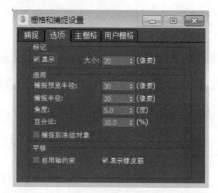

图2-82 "栅格和捕捉设置"对话框2

6）成组

组是由一个或几个独立的几何对象组成的可以合并与分离的集合，构成组的几何对象仍然具有各自的一些特性。组对多个对象进行相同的操作提供了一种理论基础，成组的所有对象可以视为一个物体，能够同时接受修改命令或制作动画等，这大大提高了操作的灵活性与易通性。

组是3ds Max中的一个重要概念，将对象成组后可以进行统一的操作，成组不会对原对象做任何修改，也不会改变对象的自身特性。对象成组之后，单击组内的任意一个对象，都将选择整个组。

组的操作非常简单，主要通过"组"菜单来完成，包括成组、解组、打开、关闭、附加、分离等。

任务拓展

制作沙发

【步骤1】启动3ds Max，将单位设置为毫米。

制作沙发

【步骤2】执行"创建"→"几何体"→"扩展基本体"→"切角长方体"命令，在顶视图中创建一个"长度"为600，"宽度"为600，"高度"为130，"圆角"为20的"切角长方体"，作为沙发底座，参数设置如图2-83所示。

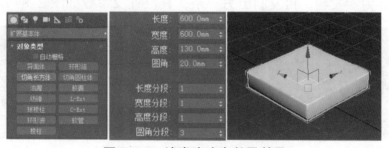

图2-83 沙发底座参数及效果

【提示】

切角长方体的创建与长方体的创建基本一样，唯一的区别就是需要 3 次单击完成创建，多了两项参数，分别是"圆角"和"圆角分段"。

【步骤 3】在前视图中沿 Y 轴复制一个切角长方体，将"圆角"修改为 30，"高度"修改为 120，作为沙发座，位置及参数设置如图 2-84 所示。

【步骤 4】确认复制的切角长方体处于选择状态，按组合键〈Alt+A〉，激活"对齐"命令，在前视图单击下面的切角长方体，设置参数如图 2-85 所示。

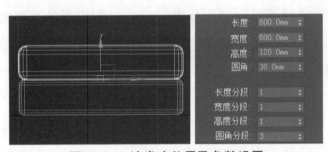

图 2-84　沙发座位置及参数设置

图 2-85　"对齐当前选择"对话框的设置

【步骤 5】在前视图中创建一个"长度"为 450，"宽度"为 720，"高度"为 120，"圆角"为 20，"圆角分段"为 3 的切角长方体，作为沙发的扶手，其位置及参数如图 2-86 所示。

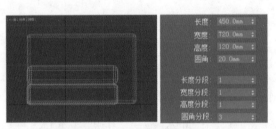

图 2-86　扶手位置及参数 1

【步骤 6】在顶视图扶手的下面创建一个"长度"为 40，"宽度"为 40，"高度"为 100 的长方体，作为沙发腿，再复制出另一条，其位置及参数如图 2-87 所示。

图 2-87　沙发腿位置及参数 2

【步骤7】在顶视图中框选扶手、沙发腿模型，用实例复制的方式复制一组，复制后的位置及形态如图 2-88 所示。

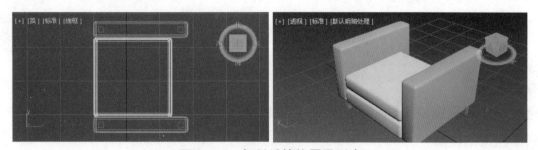

图 2-88 复制后的位置及形态

【步骤8】在左视图中创建一个"长度"为450，"宽度"为600，"高度"为100，"圆角"为15，"圆角分段"为3的切角长方体，作为沙发靠背，其位置及参数如图 2-89 所示。

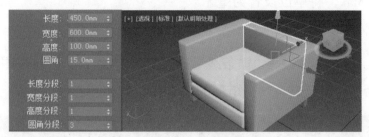

图 2-89 靠背位置及参数

【步骤9】再复制一个靠背放在沙发座的上边，调整一下参数，再用"旋转"命令在前视图旋转一定角度，调整参数与效果如图 2-90 所示。

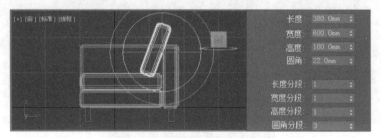

图 2-90 调整参数与效果

【步骤10】为模型赋予统一颜色，如图 2-91 所示，保存文件，命名为"沙发 .max"。

图 2-91 沙发最终效果

任务3　制作窗棂模型

制作窗棂

任务分析

通过制作窗棂模型来学习线的绘制与编辑修改，以及如何使用"挤出""旋转"等工具来制作相关的模型。

任务实施

1. 设置长度参数单位

首先启动 3ds Max，将单位设置为毫米。

2. 绘制窗棂外框

执行"创建"→"图形"→"样条线"→"矩形"命令，在前视图中绘制一个矩形，并使用"旋转"命令将其旋转45°，矩形的效果和参数如图 2-92 所示。

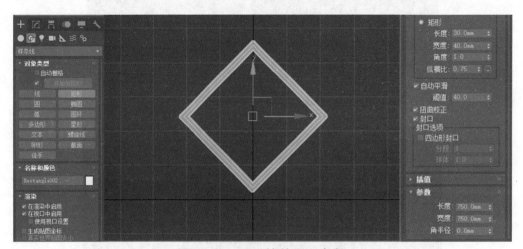

图 2-92　矩形的效果和参数

【提示】

在默认状态下，二维线形在渲染时是看不见的，必须勾选"渲染"卷展栏下的"在渲染中启用"复选框，二维线形才可以在渲染时显示出来。调整"厚度"可改变线条的粗细，勾选"在视口中启用"复选框，可以在视图中观察到渲染后线条的粗细。

3. 绘制窗棂内部小方框

执行"创建"→"图形"→"样条线"→"线"命令，在前视图中绘制矩形，参数如图 2-93 所示，将绘制好的图形再复制 3 个。

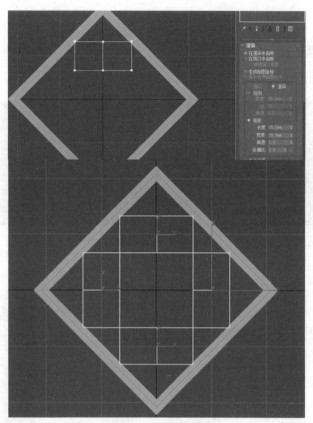

图 2-93　矩形参数

　　用"线"命令创建小矩形时，可以先创建一个"长度"为 167，"宽度"为 167 的矩形作为参照物，用顶点捕捉的方式用"线"命令去创建，这样快捷方便。

4. 继续创建小矩形

　　执行"创建"→"图形"→"样条线"→"线"命令，在前视图中绘制矩形，并将绘制好的图形再复制 3 个，创建及复制小矩形效果如图 2-94 所示。

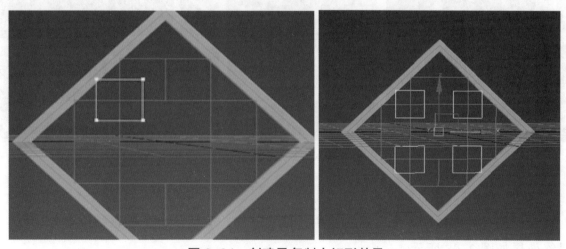

图 2-94　创建及复制小矩形效果

5. 窗棂花边制作

单击"样条线"按钮进入"线段"模式，在"几何体"卷展栏中，执行"断开"命令，断开线条，并将其删除，如图2-95所示。

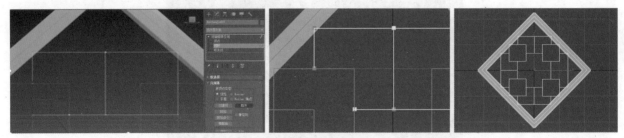

图2-95　花边制作

6. 渲染花边

选中各个小矩形，单击"样条线"，在"渲染"卷展栏中勾选"在渲染中启用"和"在视口中启用"复选框，如图2-96所示。

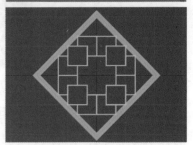

7. 创建花饰

执行"创建"→"图形"→"样条线"→"线"命令，在前视图中绘制如图2-97所示的花饰，选择所绘制图形，选择样条线的顶点，然后右击，在弹出的快捷菜单中选择"Bezier角点"选项，将线条形状调整平滑。

图2-96　渲染花边

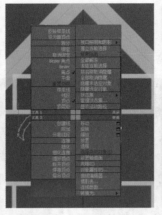
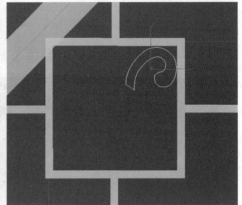

图2-97　绘制并调整花饰

8. 复制花饰

将绘制的花饰再复制3个，然后使用"移动"和"旋转"命令调整其位置与角度，花饰最终效果如图2-98所示。

图 2-98 花饰最终效果

9. 绘制圆环

在绘制好的图形中间绘制一个圆环，执行"创建"→"图形"→"样条线"→"圆环"命令，在前视图中绘制圆环，在右侧"渲染"卷展栏中，勾选"在视口中启用"复选框，将绘制好的花饰和圆环再复制 3 组，分别放在 3 个矩形框中，圆环花饰效果如图 2-99 所示。

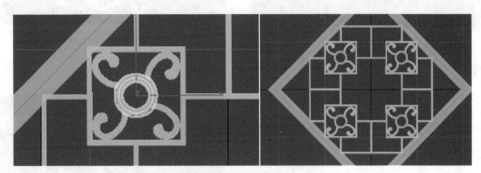

图 2-99 圆环花饰效果

10. 绘制第二个花饰

使用同样的方法在前视图中绘制如图 2-100 所示的图形，并选中样条线的顶点右击，在弹出的快捷菜单中选择"Bezier 角点"选项，将线条形状调整平滑。

11. 复制花饰

选择上面绘制的花饰图形，再复制 3 组，使用"移动"和"旋转"命令调整复制图形的位置与角度，花饰最终效果如图 2-101 所示。

图 2-100 第二个花饰

图 2-101 花饰最终效果

12.绘制第三个花式

使用同样的方法在前视图中绘制如图2-102所示的图形，并选中样条线的顶点右击，在弹出的快捷菜单中选择"Bezier角点"选项，将线条形状调整平滑。

13.复制第三个花饰

将上述步骤绘制的图形，再复制3组，使用"移动"和"旋转"命令调整复制图形的位置与角度，最终效果如图2-103所示。

图2-102   第三个花饰

图2-103   最终效果

14.保存文件

选择所绘制的图形，使用"旋转"命令旋转45°，完成窗棂制作，窗棂效果如图2-104所示，选择所有模型，将模型成组，单击"保存"按钮，将此造型保存为"窗棂模型.max"。

图2-104   窗棂效果

> **必备知识**

图形操作使用

1.二维图形的创建

在任务2中，讲述了扩展基本体的创建和参数的修改，但是在制作效果图时，经常会遇到更为复杂的模型，所以仅使用标准基本体和扩展基本体往往无法完全满足制作效果图的需要。

二维图形在效果图的建模中起着非常重要的作用，通常建立的三维模型是通过先创建二维线形，再添加相应的修改器来完成的，这是效果图制作过程中使用频率最多的一种方法。一般通过"创建"面板中的"图形"按钮来创建二维图形，"图形"面板如图2-105所示。

（1）线。在"创建"面板中单击"图形"按钮，然后单击

图2-105   "图形"面板

"图形"面板中的"线"按钮，即可打开"线"面板。

（2）矩形。在"创建"面板中单击"图形"按钮，然后单击"图形"面板中的"矩形"按钮，打开"矩形"面板。

【小提示】

按住〈Ctrl〉键的同时拖动鼠标可以创建正方形。

（3）圆。在"创建"面板中单击"图形"按钮，然后单击"图形"面板中的"圆"按钮，打开"圆"面板。

（4）椭圆。在"创建"面板中单击"图形"按钮，然后单击"图形"面板中的"椭圆"按钮，打开"椭圆"面板。

（5）弧。在"创建"面板中单击"图形"按钮，然后单击"图形"面板中的"弧"按钮，打开"弧"面板。可以使用"弧"命令制作各种圆弧曲线和扇形。

（6）圆环。在"创建"面板中单击"图形"按钮，然后单击"图形"面板中的"圆环"按钮，打开"圆环"面板。

（7）多边形。在"创建"面板中单击"图形"按钮，然后单击"图形"面板中的"多边形"按钮，打开"多边形"面板。使用"多边形"命令可创建具有任意面数或顶点数（N）的闭合平面或圆形样条曲线。

（8）星形。在"创建"面板中单击"图形"按钮，然后单击"图形"面板中的"星形"按钮，打开"星形"面板。星形是一种实用性很强的二维图形，在现实生活中可以看到很多横截面为星形的物体。通过调整星形的参数，可以创建出形状各异的星形图形。

（9）文本。在"创建"面板中单击"图形"按钮，然后单击"图形"面板中的"文本"按钮，打开"文本"面板。利用"文本"命令可创建各种文本效果。

（10）螺旋线。在"创建"面板中单击"图形"按钮，然后单击"图形"面板中的"螺旋线"按钮，打开"螺旋线"面板。螺旋线是一种立体的二维模型，实际应用比较广泛，常常通过对其进行放样造型，创建螺旋形的楼梯、螺丝等。

2. 编辑二维图形

若已有的二维图形不能满足需要，可以在已有二维图形的基础上进行修改，通过修改得到所需要的图形，再进一步建模。

1）编辑顶点

对顶点的编辑主要包括改变顶点类型、打断节点、连接节点、插入节点、焊接节点和删除节点等操作。下面分别说明对节点进行编辑的方法。

（1）移动顶点。

①单击"选择"卷展栏中的"顶点"按钮，激活"顶点"编辑状态。

②选择工具栏中的选择并移动工具，然后单击任何一个顶点并拖动，即可改变该顶点的位置。

（2）改变顶点的类型。

顶点的类型包括以下4种。

①"Bezier角点"类型：提供控制柄，并允许两侧的线段成任意的角度。

②"Bezier"类型：由于Bezier曲线的特点是通过多边形控制曲线，因此它提供了该点的切线控制柄，可以用它调整曲线。

③"角点"类型：顶点的两侧为直线段，允许顶点两侧的线段为任意角度。

④"平滑"类型：顶点的两侧为平滑连接的曲线线段。

（3）创建线。

"创建线"命令可以在场景中进行新的曲线绘制操作，操作完成后，创建的新曲线会与当前编辑的对象组合。

①单击"选择"卷展栏中的"顶点"按钮，激活"顶点"编辑状态。

②单击"创建线"按钮，在顶视图中从左到右创建一条线，右击结束创建，如图2-106所示。

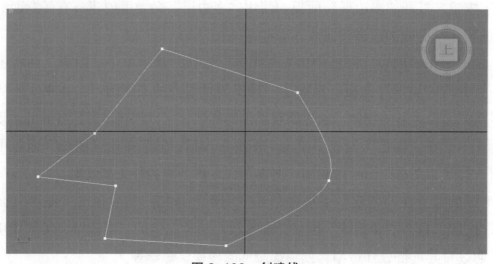

图2-106　创建线

（4）创建点。

通过"优化"命令，可以在样条线上添加新顶点，而不更改样条线的曲率值。

①单击"选择"卷展栏中的"顶点"按钮，激活"顶点"编辑状态。

②单击"优化"按钮，在样条线上单击，则在相应的位置添加了一个新顶点。

（5）打断节点。

"打断"命令可以在某个节点处将样条曲线断开，断开处生成了两个互相重叠的节点，使用移动工具可以将它们分开。

①单击"选择"卷展栏中的"顶点"按钮，激活"顶点"编辑状态。

②选择星形上面的节点，单击"断开"按钮，则星形从该点断开。

③利用移动工具，将两个互相重叠的节点分开，如图 2-107 所示。

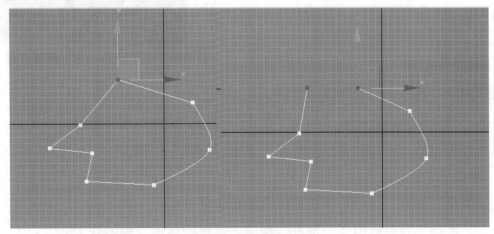

图 2-107　打断节点

（6）连接节点。

"连接"命令可以在不封闭的样条曲线中使节点与节点之间创建一条连线。

①单击"选择"卷展栏中的"顶点"按钮，激活"顶点"编辑状态。

②单击"连接"按钮，在顶视图中从右边端点到上面端点创建一条线，右击结束创建，如图 2-108 所示。

③单击关闭"连接"按钮。

（7）插入节点。

"插入"命令可以在视图中样条曲线的任意位置插入一个"Bezier 角点"类型的节点。

①单击"选择"卷展栏中的"顶点"按钮，激活"顶点"编辑状态。

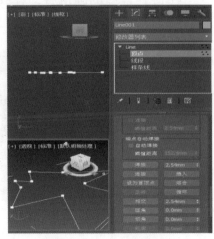

图 2-108　连接节点

②单击"插入"按钮，在顶视图中的线上任意位置单击，即可创建新节点。

③在曲线上反复单击，可插入多个节点，右击结束插入操作。

④单击关闭"插入"按钮。

（8）焊接节点。

"焊接"命令可将处于焊接阈值内的两端点或同一样条曲线上的中间节点合并成一个节点。

①单击"选择"卷展栏中的"顶点"按钮，激活"顶点"编辑状态。

②利用移动工具移动节点，如图 2-109 所示。

③在"修改"面板中"焊接"按钮右边的微调框中，设置焊接阈值为 10 mm。

④利用选择工具选择要焊接的两个节点，单击"焊接"按钮，则两个靠近的节点焊接在一起成为一个节点。

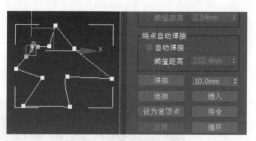

图 2-109　移动节点

（9）删除节点。

利用"删除"命令，可以删除多余的节点。

①单击"选择"卷展栏中的"顶点"按钮，激活"顶点"编辑状态。

②利用选择工具，选择任意一个节点，单击"删除"按钮。

（10）圆角。

利用"圆角"命令，可以将顶点调整为圆角效果。

①单击"选择"卷展栏中的"顶点"按钮，激活"顶点"编辑状态。

②利用选择工具，选择任意一个节点，单击"圆角"按钮。

③将光标移动到需要创建圆角的节点上，按下鼠标并拖曳。

④得到合适的圆角后，释放鼠标。

⑤利用选择工具，选择另一个节点，单击"圆角"按钮。

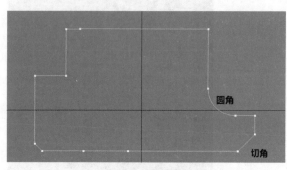

图 2-110　圆角和切角

⑥设置"圆角"按钮旁边微调框中的值，观察圆角变化，如图 2-110 所示。

（11）切角。

利用"切角"命令，可以将顶点调整为切角效果。其操作与圆角方法相同，效果如图 2-110 所示。

2）编辑分段

单击"选择"卷展栏中的"分段"按钮，即可编辑分段。这里的分段是指图形两个节点之间的线段。

对二维图形中线段的编辑包括删除线段、将某个线段平均分成多个线段、将某个线段从二维图形中分离出来、将多个图形对象合并在一起等。

（1）隐藏与取消隐藏线段。

①在顶视图中创建一个星形图形，在"修改"面板中选择"编辑样条线"命令，进入修改参数面板。

②单击"选择"卷展栏中的"分段"按钮，激活"分段"编辑状态。

③利用选择工具，选择任意一个分段或按住〈Ctrl〉键选取多个分段，单击"隐藏"按钮，观察分段的变化。

④单击"全部取消隐藏"按钮，观察分段的变化。

（2）删除线段。

①在顶视图中创建一个矩形图形，在"修改"面板中选择"编辑样条线"命令，进入修改参数面板。

②单击"选择"卷展栏中的"分段"按钮，激活"分段"编辑状态。

③利用选择工具，选择任意一个分段或按住〈Ctrl〉键选取多个分段，单击"删除"按钮，或者按〈Delete〉键进行删除，如图2-111所示，观察分段的变化。

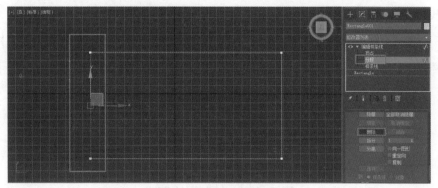

图 2-111　删除线段

（3）拆分线段。

"拆分"命令可以将选中的线段进行等分。

①在顶视图中创建一个圆形，在"修改"面板中选择"编辑样条线"命令，进入修改参数面板。

②单击"选择"卷展栏中的"分段"按钮，激活"分段"编辑状态。

③利用选择工具，选择任意一个分段，在"拆分"按钮旁边的微调框中输入"3"，如图2-112所示，观察分段的变化。

图 2-112　拆分线段

任务拓展

制作小配饰

制作小配饰

【步骤1】启动 3ds Max，将单位设置为毫米。

【步骤2】执行"创建"→"图形"→"样条线"→"线"命令，在前视图中绘制一个圆弧，单击"修改"按钮，选择线的顶点右击，在弹出的快捷菜单中选择"Bezier角点"选项，将圆弧的形状调整平滑一些，效果如图2-113所示。

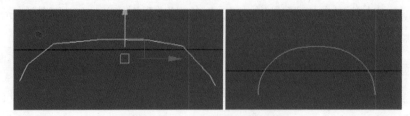

图2-113   绘制并调整圆弧

在绘制线形时，按住键盘上的〈Shift〉键可以绘制水平或垂直的直线。

【步骤3】选择绘制的图形，在右侧"渲染"卷展栏中，勾选"在视口中启用"复选框，然后选择圆弧，再复制3个，并调整其位置和角度，效果如图2-114所示。

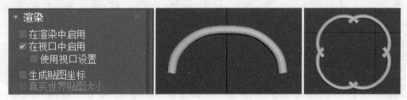

图2-114   绘制配饰花式

【步骤4】执行"创建"→"图形"→"样条线"→"矩形"命令，在前视图中绘制一个矩形，使用"旋转"命令将其旋转45°，然后使用"镜像"命令再复制一个矩形，矩形的效果和参数如图2-115所示。

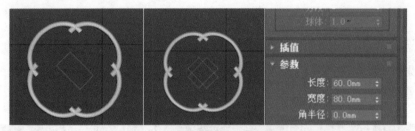

图2-115   矩形的效果和参数

【步骤5】选中矩形右击，将矩形转换为可编辑样条线，在"几何体"卷展栏中单击"附加"按钮，拾取另一个矩形，将它们附加为一体，效果如图2-116所示；依次单击"执行"→"样条线"按钮，在右侧"几何体"卷展栏中单击"布尔"按钮后的"并集"命令，进行布尔运算后的图形如图2-117所示。

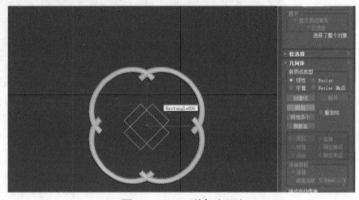

图2-116   附加矩形

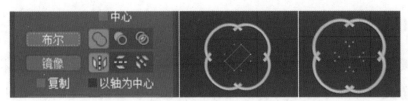

图 2-117　进行布尔运算后的图形

【步骤 6】在右侧"修改"面板的"渲染"卷展栏中，勾选"在渲染中启用"和"在视口中启用"复选框，渲染后的花饰效果如图 2-118 所示。

【步骤 7】执行"创建"→"图形"→"样条线"→"线"命令，在前视图中绘制一条线，单击"样条线"按钮，在右侧"渲染"卷展栏中，勾选"在渲染中启用"和"在视口中启用"复选框，选择绘制的线，将其再复制 3 条，并调整位置和角度，如图 2-119 所示。

图 2-118　渲染后的花饰效果

【步骤 8】执行"创建"→"图形"→"样条线"→"线"命令，在透视图中绘制如图 2-120 左侧所示的图形，在右侧"渲染"卷展栏中，勾选"在渲染中启用"和"在视口中启用"复选框，选择绘制的图形，将其再复制 3 个，并调整位置和角度，最终效果如图 2-120 所示。

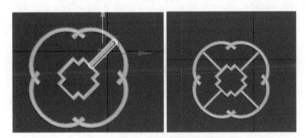

图 2-119　绘制花饰支架

图 2-120　绘制配饰剩下花饰

【步骤 9】选择整个图形，将其旋转 45°，最终效果如图 2-121 所示。

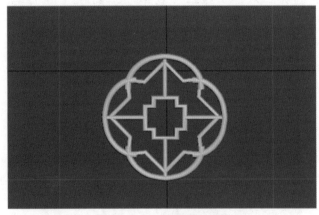

图 2-121　小配饰效果

【步骤 10】保存文件，命名为"小配饰 .max"。

|||||||||||||||||||||||||||||||| 项目总结 ||||||||||||||||||||||||||||||||

本项目主要介绍了一些三维基础建模技术，即标准基本体、扩展基本体、二维图形绘制，同时还为大家介绍了对象的基本操作，如选择、变换、复制、阵列、对齐、捕捉、旋转等。这些内容都是制作效果图的基础，通过对象的合理组合、修改等操作，可以制作出一些常用的三维模型。

在任务和任务拓展实例的选择方面，重点体现了对本项目知识点的运用。希望读者通过任务和任务拓展实例的学习，能够做到举一反三，尽可能地运用本项目知识点多做一些建模练习，掌握建模技术的方法与技巧，为后续知识学习奠定基础。

|||||||||||||||||||||||||||||||| 项目评价 ||||||||||||||||||||||||||||||||

在本项目中，学习了运用 3ds Max 基本标准体创建三维模型，通过对本项目内容的学习，完成表 2-1。

表 2-1　项目评价表

评价项目	等级			
	很满意	满意	还可以	不满意
任务完成情况				
与同组成员沟通及协调情况				
知识掌握情况				
体会与经验				

|||||||||||||||||||||||||||||||| 实战强化 ||||||||||||||||||||||||||||||||

根据所学的知识，制作一个"三缺一"桌子，如图 2-122 所示。

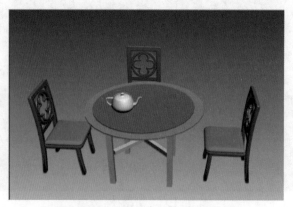

图 2-122　"三缺一"桌子效果

项目 3

3ds Max 建模技术（下）

前面的内容介绍了标准基本体、扩展基本体、二维线形的绘制和修改，但这些只能制作简单的三维模型，要想制作复杂的三维模型，则需要添加适当的修改器，这些修改器有"挤出""车削""倒角""弯曲"等功能。利用这些修改器，基本可以满足室内外效果图的制作要求。但是对于一些更为复杂的建筑模型，还会涉及一些比较高级的建模方法，如放样建模、布尔运算建模和多边形建模。其中，放样建模与布尔运算建模属于复合建模技术，用于制作一些不规则的模型；多边形建模是基于修改命令来完成的。

任务1　制作窗格

任务分析

本实例主要通过制作窗格模型学习使用线、矩形的绘制方法，通过添加"挤出"修改器得到所需要的模型，完成窗格的制作。

任务实施

1. 设置单位

启动 3ds Max 中文版，将单位设置为毫米。

制作窗格

2. 创建大矩形

执行"创建"→"图形"→"矩形"命令，在前视图中创建一个"长度"为 2 000，"宽度"为 2 200 的矩形，作为窗格的墙体，如图 3-1 所示。

3. 创建小矩形

创建一个"长度"为 1 600，"宽度"为 400 的小矩形，作为窗格洞，将小矩形复制两个，如图 3-2 所示。

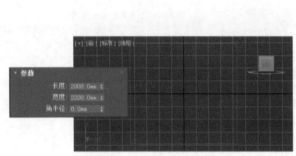

图 3-1　创建大矩形

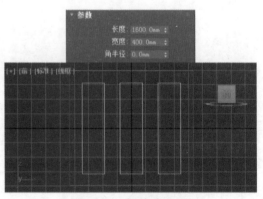

图 3-2　创建小矩形

4. 添加"挤出"修改器

选择其中一个矩形，执行"修改器列表"→"编辑样条线"命令，再单击"附加多个"按钮将它们附加为一体，然后执行"修改器列表"→"挤出"命令，并设置"数量"为 100，即窗格的隔断厚度为 100 毫米，效果如图 3-3 所示。

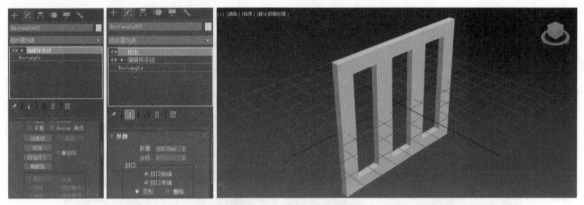

图 3-3　挤出后的效果

【小技巧】

复制线形时，如果后面想将其附加为一体，复制时一定要采用"复制"的方式，如若采用"实例"方式，后面将无法执行附加操作。

5. 绘制小矩形

打开捕捉控制开关，在前视图用捕捉方式再绘制一个"长度"为 1 600，"宽度"为 400 的矩形，然后再在上面绘制一个"长度"为 150，"宽度"为 170 的小矩形，并再复制 17 个这样的小矩形，如图 3-4 所示。

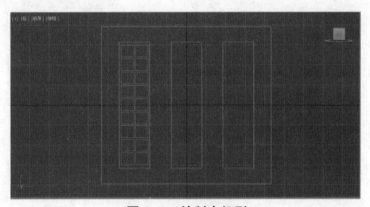

图 3-4　绘制小矩形

【小技巧】

熟练使用"捕捉"命令，可以大大提高作图的质量和速度，一般情况下使用"栅格点"和"顶点"捕捉形式。

6. 挤出小窗格

选择其中一个小矩形，执行"修改器列表"→"编辑样条线"命令，再单击"附加多个"按钮将它们附加为一体，然后执行"修改器列表"→"挤出"命令，并设置"数量"为15，即窗格的小窗格洞隔断厚度为15毫米，如图3-5所示。

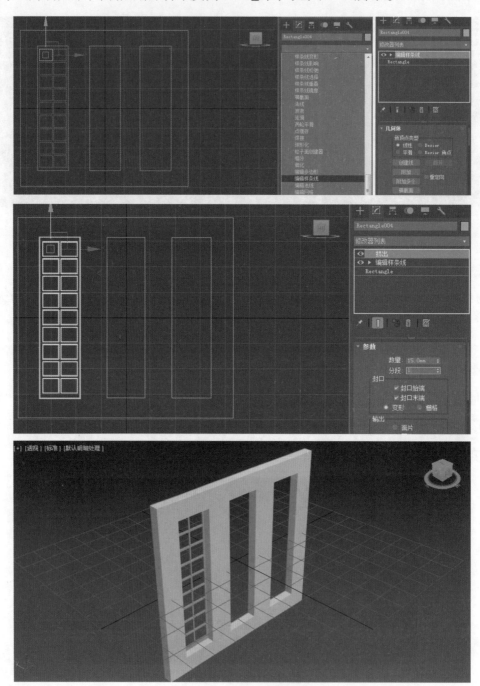

图3-5   挤出小窗格

7. 复制小窗格

在前视图中启用捕捉工具，将上面挤出的小窗格再复制2组，并调整到墙体的中间位置，效果如图3-6所示。

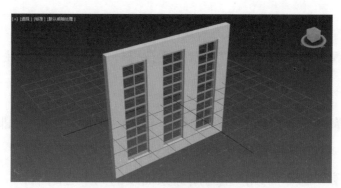

图 3-6　窗格效果

8. 保存文件

单击菜单栏中的"保存"按钮，将此模型保存为"窗格 .max"。

> **必备知识**

1. "编辑样条线"命令

"编辑样条线"命令是一种非常重要的二维修改命令，主要用于调整所绘制的二维曲线。在图形"创建"面板中除了"线"以外，其他类型的二维图形均是不可编辑样条曲线的，如果要改变它们的外形，就需要将其转换为可编辑样条线，具体方法有以下两种。

（1）选择绘制的二维图形，单击 按钮，进入"修改"面板，在"修改器列表"中执行"编辑样条线"命令。

（2）选择绘制的二维图形并右击，从弹出的快捷菜单中执行"转换为"→"转换为可编辑样条线"命令，将其转换为可编辑样条曲线，这种方法更快捷有效。

"编辑样条线"命令共有 3 个子对象层级：顶点、分段、样条线。顶点、分段在项目2 中已做介绍，下面只对样条线做简单介绍。

在"编辑样条线"面板中，单击"样条线"按钮，即可激活"样条线"编辑状态。在该状态中，可以进行如下操作。

（1）附加。"附加"命令将场景中的另一个样条线附加到所选样条线上。选择要附加到当前选定的样条线对象的对象，要附加到的对象也必须是样条线。

单击"附加多个"按钮可以弹出"附加多个"对话框，该对话框中包含场景中的所有其他形状的列表。选择要附加到当前可编辑样条线的形状，然后单击"附加"按钮。

（2）炸开组。"炸开"命令可将所选样条曲线"炸开"，使样条曲线的每一线段都变为当前二维图形中的一条样条曲线。

（3）反转。"反转"命令可将所选的样条曲线首尾反向。对于不封闭的样条曲线来说，起点和终点将互换。

【小技巧】

　　如果选中"选择"卷展栏中的"显示顶点编号"复选框，再单击"反转"按钮，很容易看出它的作用。

　　（4）关闭。选择一条不封闭的样条曲线，单击"关闭"按钮，即可从样条曲线的起点到终点画一条线，将样条曲线封闭。此命令只适用于开放的曲线。

　　（5）轮廓。"轮廓"命令可以产生封闭样条曲线的同中心副本。

　　①在顶视图中创建一个圆形，在"修改"面板中选择"编辑样条线"命令，进入修改参数面板。

　　②单击"选择"卷展栏中的"样条线"按钮，激活"样条线"编辑状态。

　　③利用选择工具，选择样条线，在"修改"面板中单击"轮廓"按钮。

　　④用鼠标指针指向视图中的样条曲线，当指针变为十字轮廓状时，上下拖动鼠标指针将产生样条曲线的同中心副本，如图3-7所示（也可以在"轮廓"按钮旁的文本框中直接输入数值来创建轮廓线）。

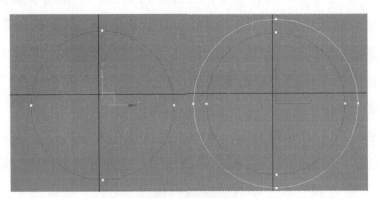

图3-7　生成轮廓线

　　（6）镜像。"镜像"命令与主工具栏中的"镜像"按钮类似，前面已做介绍，此处不再重复。

2. "挤出"命令

　　"挤出"命令是将一个二维线形，挤压成三维实体。这是一个非常实用的建模方法，使用该命令生成的模型可以输出为面片和网格物体。该命令的使用方法非常简单，首先在视图中选择一个二维线形，然后进入"修改"面板，在"修改器列表"中选择"挤出"命令即可。对二维图形进行挤出前、后的形态对比如图3-8所示。

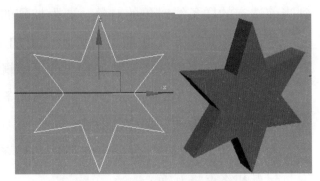

图3-8　挤出前、后的形态对比

"挤出"命令的"参数"卷展栏如图3-9所示。

"参数"卷展栏中的主要参数功能如下。

（1）数量：该微调框用于设置二维图形被挤出的厚度。

（2）分段：该微调框用于设置挤出厚度上的片段划分数。

（3）封口：该选项区域中有4个选项。其中"封口始端"和"封口末端"两个复选框用于设置是否在顶端或底端加面覆盖物体，系统默认为选中状态；选中"变形"单选按钮，表示将挤出的模型用于变形动画的制作；选中"栅格"单选按钮，表示将挤出的模型输出为网格模型。

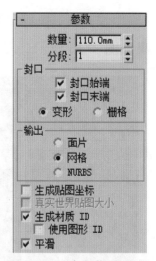

图3-9　"参数"卷展栏

（4）输出：该选项区域用于设置挤出生成的物体的输出类型。

（5）平滑：选中该复选框后，将自动光滑挤出生成的物体。

任务拓展

制作屏风

制作屏风

【步骤1】启动3ds Max中文版，将单位设置为毫米。

【步骤2】在前视图执行"创建"→"图形"→"矩形"命令，创建矩形，如图3-10所示。

【小技巧】

绘制矩形时，要想得到"直倒角"，在设置完"角半径"之后，必须将"插值"卷展栏下的"步数"微调框的值修改为0。

【步骤3】选中矩形，执行"修改器列表"→"挤出"命令，设置"数量"为15，作为屏风的门板，效果如图3-11所示。

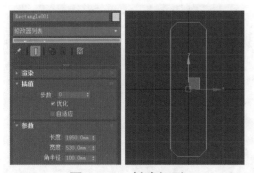

图3-10　创建矩形

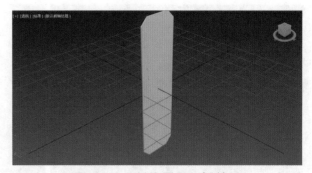

图3-11　制作屏风门板效果

【步骤4】将上述制作的门板在原位置复制一个，删除"挤出"修改器，添加"编辑样条线"修改器，然后进入"样条线"子对象层级，将"轮廓"微调框的值设为-25，执行"轮廓"命令，效果如图3-12所示。

【步骤5】执行"修改器列表"→"倒角"命令，作为屏风的门板边框，其参数和效果如图 3-13 所示。

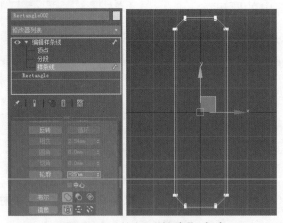

图 3-12　执行"轮廓"命令

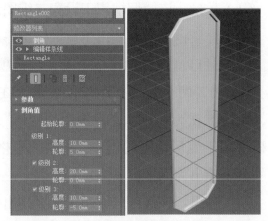

图 3-13　屏风门板边框的参数和效果

【步骤6】在前视图绘制如图 3-14 所示的线形，然后执行"挤出"命令，设置"数量"为 20，作为屏风的装饰角，如图 3-14 所示。

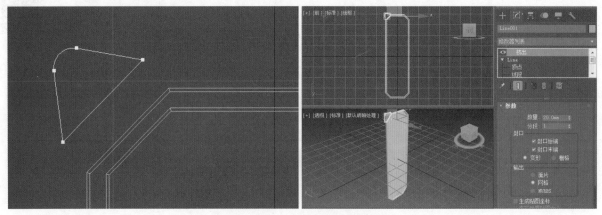

图 3-14　屏风的装饰角

【步骤7】将上述制作的装饰角，使用"镜像"命令复制 3 个，效果如图 3-15 所示。

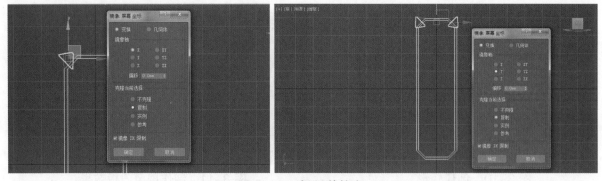

图 3-15　复制装饰角

【步骤8】在顶视图中，创建圆柱体作为屏风的金属连接件，然后进行复制和调整，其参数和效果如图 3-16 所示。

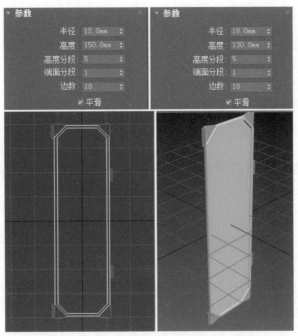

图 3-16　金属连接件的参数和效果

【步骤 9】将制作的屏风物件进行成组，然后使用"旋转"命令将其旋转 45°，效果如图 3-17 所示。

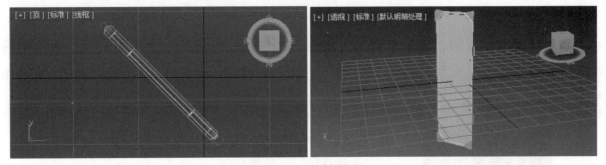

图 3-17　旋转屏风

【步骤 10】将上述屏风使用"选择并移动"命令再复制 3 组，位置和效果如图 3-18 所示

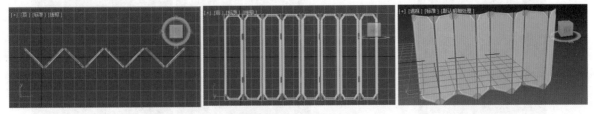

图 3-18　屏风效果

【步骤 11】保存文件，命名为"屏风 .max"。

任务2　制作青花瓶

任务分析

本实例主要通过熟练使用二维线形来绘制青花瓶的轮廓，然后结合"车削"修改器来制作青花瓶。

任务实施

1. 单位设置

首先启动 3ds Max 中文版，将单位设置为毫米。

2. 绘制线形

在前视图中执行"创建"→"图形"→"线"命令，绘制如图 3-19 所示的线形（可以绘制一个尺寸为 1 000×300 的矩形作为参照图形的大小）。

3. 为线形添加轮廓

单击"修改"按钮，进入"修改"面板，再进入"样条线"子对象层级，为绘制的线形添加一个轮廓，然后再进入"顶点"子对象层级进行调整，直到满意为止，效果如图 3-20 所示。

图 3-19　绘制的线形

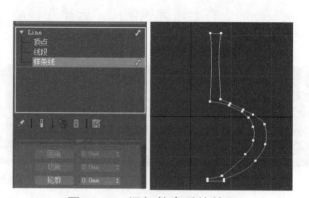

图 3-20　添加轮廓后的效果

4. 添加"车削"修改器

退出"顶点"子对象层级，执行"修改器列表"→"车削"命令，效果如图 3-21所示。

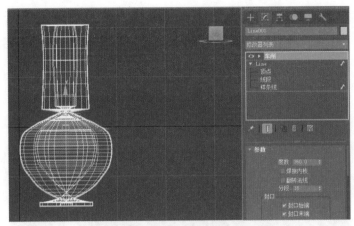

图 3-21　执行【车削】命令

5. 设置参数

在"车削"修改器的"参数"卷展栏中，单击"对齐"选项区域下的"最小"按钮，为了得到平滑的效果，设置"分段"微调框的值为 30，如图 3-22 所示。

6. 模型完成

青花瓶参数设置后，最终效果如图 3-23 所示。

图 3-22　"车削"后参数设置

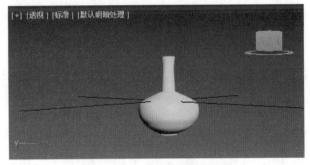

图 3-23　青花瓶最终效果

7. 保存文件

单击菜单栏中的"保存"按钮，将此模型保存为"青花瓶 .max"。

必备知识

1. "车削"修改器

"车削"修改器通过将二维线形沿某个轴向旋转而生成三维模型。它的原理与制作陶瓷类似，通常利用它来制作花瓶、高脚杯、酒坛等模型。

使用该修改器时首先在视图中选择一条二维线形，然后进入"修改"面板，在"修改器列表"中选择"车削"修改器即可。图 3-24 所示是对二维线形添加"车削"修改器前、后的形态对比。

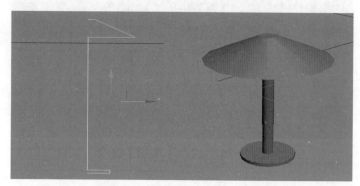

图 3-24　添加"车削"修改器前、后的形态对比

"车削"修改器的"参数"卷展栏如图 3-25 所示。主要参数的作用如下。

（1）度数：该微调框用于控制对象旋转的角度，取值范围为 0°～360°。

（2）焊接内核：选中该复选框后，可以将旋转轴上重合的点进行焊接精减，以减少模型的复杂程度，获得结构简单、平滑无缝的三维对象。

（3）翻转法线：选中该复选框后，可以将旋转物体表面的法线方向进行里外翻转，以此来解决法线换向的问题。

（4）分段：用于设置旋转的分段数，默认值为 16。段数越多，产生的旋转对象越平滑。

（5）方向：该选项区域用于设置旋转的轴向，分别为 X、Y、Z。

（6）对齐：该选项区域用于设置对象旋转轴的位置，分别为"最小""中心""最大"。单击"最小"按钮，可以将旋转轴放置到二维图形的最左侧；单击"中心"按钮，可以将旋转轴放置到二维图形的中间位置；单击"最大"按钮，可以将旋转轴放置到二维图形的最右侧。

图 3-25　"参数"卷展栏

2. "网格平滑"修改器

"网格平滑"修改器用于平滑处理三维对象的边角，使边角变平滑。"网格平滑"修改器的使用方法很简单，为三维对象添加该修改器后，在"修改"面板中设置其参数即可。图 3-26 所示的是为异面体添加"网格平滑"修改器前、后状态的对比。

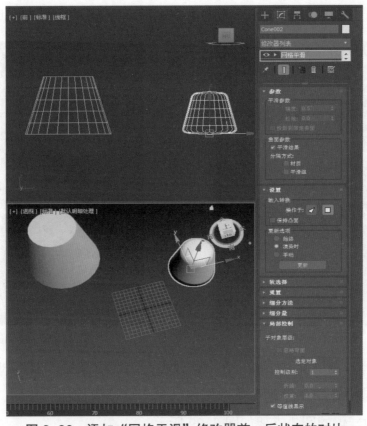

图 3-26　添加"网格平滑"修改器前、后状态的对比

"网格平滑"修改器各主要参数的作用如下。

（1）细分方法：该卷展栏中的参数用于设置网络平滑的细分方式、应用对象和贴图坐标的类型。细分方式不同，平滑效果也有所区别。

（2）细分量：该卷展栏中的参数用于设置网络平滑的效果。其中，"迭代次数"用来设置网格细分的次数；"平滑度"可以通过设置参数，使模型的面看起来更圆润、更光滑。需要注意的是，"迭代次数"越高，网格平滑的效果越好，但系统的运算量也成倍增加。因此，"迭代次数"最好不要过高（若系统运算效率低，可按〈Esc〉键返回前一次的设置）。

（3）参数：在该卷展栏中，"平滑参数"选项区域中的参数用于调整"经典"和"四边形输出"细分方式下网格平滑的效果；"曲面参数"选项区域中的参数用于控制是否为对象表面指定同一平滑组号，并设置对象表面各面片之间平滑处理的分隔方式。

任务拓展

制作地球仪

制作地球仪

【步骤 1】启动 3ds Max 中文版，将单位设置为毫米。

【步骤 2】在前视图中绘制如图 3-27 所示的圆弧线形，作为执行"倒角剖面"命令的路径。

【步骤3】在左视图中绘制如图3-28所示的线形，作为执行"倒角剖面"命令的剖面。

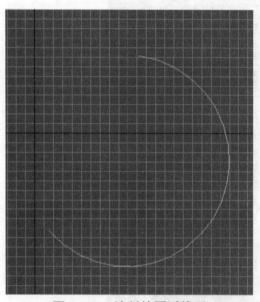

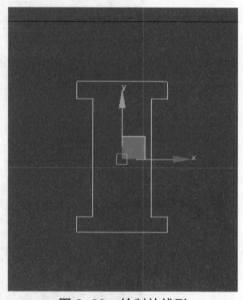

图3-27   绘制的圆弧线形   图3-28   绘制的线形

【步骤4】选择绘制的圆弧线形，在"修改器列表"中添加"倒角剖面"修改器，"倒角剖面"选项区域中选中"经典"单选按钮，单击"拾取剖面"按钮，在视图中拾取绘制的剖面，生成地球仪的圆弧支架如图3-29所示。

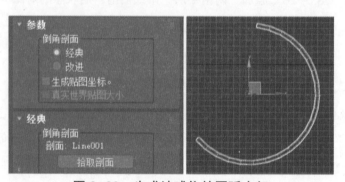

图3-29   生成地球仪的圆弧支架

【步骤5】结合透视图中地球仪支架的形状，在左视图中执行"均匀缩放"命令缩放剖面，直到调整圆弧支架模型满意为止，如图3-30所示。

图3-30   调整圆弧支架形状

【步骤6】在前视图中绘制如图 3-31 所示的线形，并执行"车削"命令，作为地球仪的连接件，然后通过旋转工具调整该模型的位置及形状。

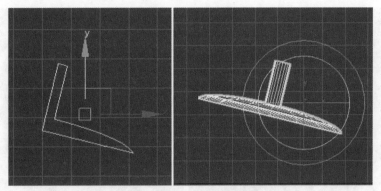

图 3-31　制作连接件

【步骤7】将制作的连接件沿 XY 轴镜像一个，并调整至合适位置，如图 3-32 所示。

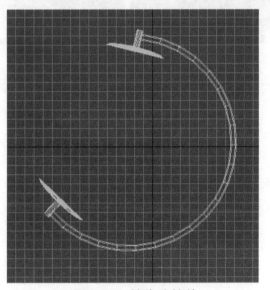

图 3-32　镜像连接件

【步骤8】在前视图绘制如图 3-33 所示的线形，并执行"车削"命令，作为地球仪的底座，并调整大小将其放置到合适位置。

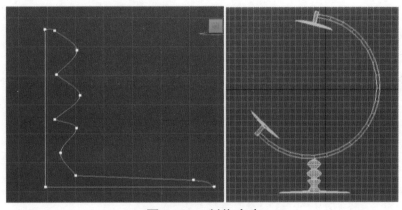

图 3-33　制作底座

【步骤9】在顶视图创建一个球体，大小根据地球仪支架调整，并将其放置到合适位置，如图3-34所示。

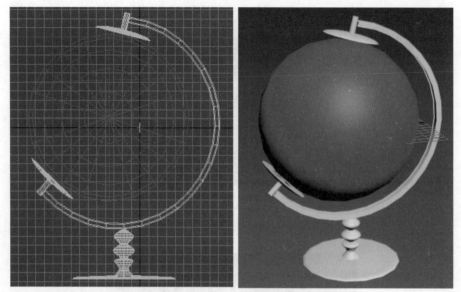

图3-34　创建球体

【步骤10】保存文件，命名为"地球仪.max"。

任务3　制作办公椅

任务分析

本实例首先使用"FFD 4×4×4"修改器处理长方体和切角长方体，制作椅座和椅背；然后使用"弯曲"修改器处理软管，制作椅座和椅背的连接部分；接下来，使用圆柱体、切角长方体（使用"弯曲"修改器使切角长方体弯曲变形）和球体制作支架和滚轮；再使用"弯曲"修改器处理圆柱体和切角长方体，制作扶手；最后，调整办公椅各部分的位置，完成办公椅模型的制作。

任务实施

制作办公椅

1. 设置单位

启动3ds Max中文版，将单位设置为毫米。

2. 创建长方体和切角长方体

在顶视图中创建一个长方体和一个切角长方体，参数如图3-35和图3-36所示。

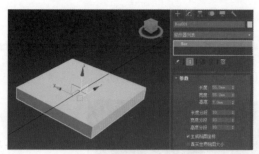

图 3-35 长方体的参数 　　　　　　　　 图 3-36 切角长方体的参数

3. 添加 FFD 修改器

为切角长方体添加"FFD 4×4×4"修改器，然后设置其修改对象为"控制点"，再框选图 3-37（a）所示的控制点并移动到图 3-37（b）所示图示位置，此时切角长方体的效果如图 3-38 所示。

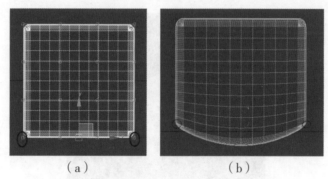

（a）　　　　　　　　　　（b）

图 3-37 添加修改器后的切角长方体及调整控制点后形态
（a）添加修改器后的切角长方体；（b）调整控制点后形态

4. 复制和粘贴修改器

退出"FFD 4×4×4"修改器的子对象修改模式，然后右击修改器堆栈中修改器的名称，从弹出的快捷菜单中选择"复制"选项，复制修改器；再单击长方体，打开其修改器堆栈，右击长方体的名称，从弹出的快捷菜单中选择"粘贴"选项，将复制的修改器粘贴到长方体上，此时长方体效果如图 3-39 所示。

图 3-38 调整切角长方体形状后

图 3-39 复制和粘贴修改器及长方体效果

5. 缩放控制点

设置长方体中"FFD 4×4×4"修改器的修改对象为"控制点",然后在前视图中将图 3-40 所示区域中的控制点均匀缩放到原来的 70%,效果如图 3-41 所示。

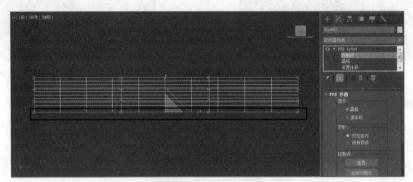

图 3-40   缩放控制点

图 3-41   缩放后效果

【小技巧】

先利用框选方式选中控制点,然后使用缩放工具进行缩放。

6. 群组椅座

调整长方体和切角长方体的位置,然后同时选中这两个对象,选择"组"→"组"菜单进行群组,创建办公椅的椅座,其效果如图 3-42 所示。

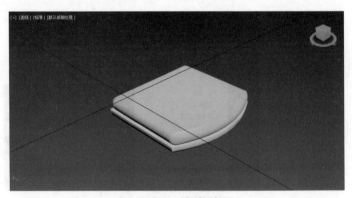

图 3-42   椅座效果

7. 制作靠背

利用旋转克隆再复制出一个椅座，并为其添加"锥化"修改器，进行锥化处理，制作办公椅的椅背，靠背参数及效果如图 3-43 所示。

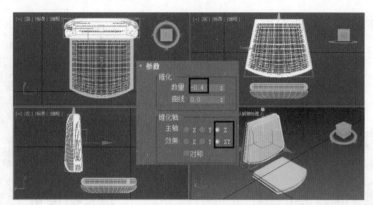

图 3-43 靠背参数及效果

8. 设置软管参数

在透视图中创建一条软管，作为制作椅座和椅背连接部分的基本三维对象，软管的参数和效果如图 3-44 所示。

图 3-44 软管的参数和效果

9. 添加"弯曲"修改器

为软管添加"弯曲"修改器，参数如图 3-45 所示。调整软管的位置和角度，将其作为办公椅座和椅背间的连接部分，其效果如图 3-46 所示。

图 3-45 软管"弯曲"参数设置   图 3-46 软管最终效果

10. 设置切角长方体参数

在顶视图中创建两个切角长方体，参数如图 3-47 所示。

11. 添加"弯曲"修改器

为切角长方体添加"弯曲"修改器，进行弯曲处理，参数如图 3-48 所示。

图 3-47　切角长方体参数　　　　图 3-48　切角长方体"弯曲"参数

12. 制作支架

调整两个切角长方体的角度和位置，制作办公椅的支架座，效果如图 3-49 所示。

13. 制作支架立柱

在顶视图中创建两个圆柱体，并调整其位置，创建办公椅支架的立柱，圆柱体的参数如图 3-50 和图 3-51 所示，调整后的效果如图 3-52 所示。

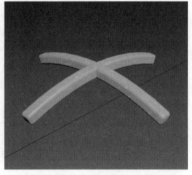

图 3-49　支架座的效果图

图 3-50　长圆柱体的参数　　图 3-51　短圆柱体的参数　　图 3-52　支架立柱的效果

14. 制作滚轮

在透视图中创建一个圆柱体和两个球体，并调整其位置，制作办公椅的滚轮，圆柱体和球体的参数如图 3-53、图 3-54、图 3-55 所示。

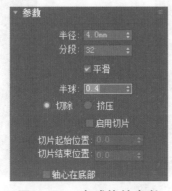

图 3-53　圆柱体的参数　　　图 3-54　半球体的参数　　　图 3-55　球体的参数

15. 滚轮效果

调整圆柱体、球体、半球体的位置，效果如图 3-56 所示。然后使用移动克隆的方法再复制出 3 个滚轮，完成办公椅滚轮的制作。

图 3-56　办公椅滚轮的效果

16. 制作扶手部件

在顶视图中创建一个圆柱体和两个切角长方体，参数如图 3-57、图 3-58、图 3-59 所示，制作出的效果如图 3-60 所示。

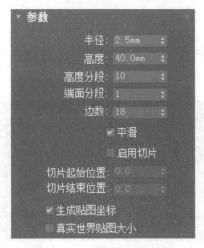

图 3-57　圆柱体的参数　　　　图 3-58　横向切角长方体的参数

图 3-59　纵向切角长方体的参数

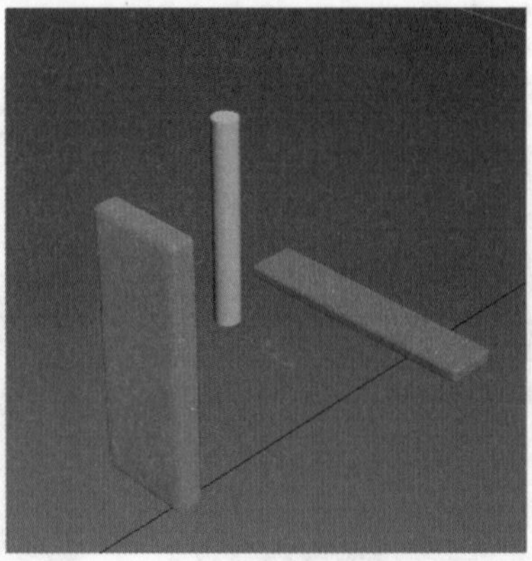

图 3-60　扶手部件效果

17. 添加"弯曲"修改器

为圆柱体和切角长方体添加"弯曲"修改器,进行弯曲处理,参数如图 3-61~ 图 3-63 所示。

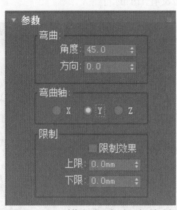

图 3-61　圆柱体的"弯曲"
　　　　　参数

图 3-62　横向切角长方体的
　　　　　"弯曲"参数

图 3-63　纵向切角长方体的
　　　　　"弯曲"参数

18. 扶手调整

将弯曲后的圆柱体沿 Z 轴放大到原来的150%,然后调整圆柱体和切角长方体的位置,创建办公椅的扶手,效果如图 3-64 所示。

19. 镜像扶手

利用镜像克隆创建出办公椅另一侧的扶手,然后调整办公椅各部分的位置,并进行群组,完成办公椅模型的创建,效果如图 3-65 所示。

图 3-64　扶手效果

图 3-65　办公椅模型效果

20. 保存文件

单击菜单中的"保存"按钮，将此模型保存为"办公椅 .max"。

必备知识

1. "弯曲"修改器

"弯曲"修改器是效果图建模中常用的一种修改命令，它用于将所选三维对象沿自身某一坐标轴弯曲一定的角度和方向。图 3-66 所示是对三维对象进行不同弯曲处理后的效果。

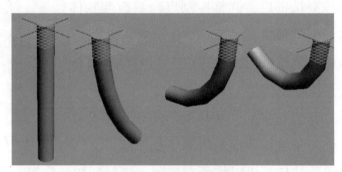

图 3-66　弯曲后的效果

"弯曲"修改器的使用方法非常简单，先选择要修改的对象，然后进入"修改"面板，选择"修改器列表"中的"弯曲"修改器后，即可进行修改操作。

"弯曲"修改器各参数的作用如下。

（1）角度：用于输入所选对象的弯曲角度，取值范围为 –999 999~999 999。

（2）方向：用于输入所选对象弯曲的方向，取值范围为 –999 999~999 999。

（3）弯曲轴：用于设置所选对象弯曲时所依据的坐标轴向，即 X、Y、Z 3 个轴向，选择不同的轴向时弯曲的效果也不同。

（4）限制效果：通过设置上部和下部限制平面来限制对象的弯曲效果。选中该复选框后，可利用"上限"微调框设置上部限制平面与修改器中心的距离，范围为 0~999 999，通过"下限"微调框设置下部限制平面与修改器中心的距离，范围为 –999 999~0，限制平面之间的部分产生指定的弯曲效果，限制平面外的部分无弯曲效果。

2. "FFD"修改器

FFD 是 Free Form Deformation 的缩写，即自由形体变形，该修改器通过控制点来影响物体的外形，产生柔和的变形效果，常用于制作计算机动画，也用来创建优美的造型。

"FFD"命令在对象外围加入一个结构线框，它由控制点构成，在"结构线框"子对象层级中，可以对整个线框进行变形操作；在"控制点"子对象层级中，可以通过移动每个控制点来改变物体的造型。

　　"FFD"修改器不仅是变形修改命令，还可以作为空间扭曲物体使用。它有多种形式，分别为"FFD 2×2×2""FFD 3×3×3""FFD 4×4×4""FFD 长方体""FFD 圆柱体"，这些修改命令的区别在于控制点的个数及排列的方式不同。

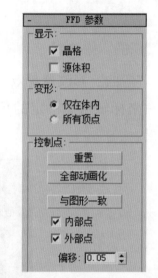

图 3-67　"FFD 参数"卷展栏

　　（1）下面以"FFD 3×3×3"修改器为例介绍一些主要参数的作用。当对一个物体使用了"FFD 3×3×3"修改器后，其"FFD 参数"卷展栏如图 3-67 所示。

　　①晶格：选中该复选框后，将在视图中显示连接控制点的线条，即结构线框。

　　②源体积：选中该复选框后，调整控制点时只改变物体的形状，不改变结构线框的形状。

　　③仅在体内：选中该复选框后，只有位于 FFD 结构线框内的物体才会受到变形影响。

　　④所有顶点：选中该复选框后，物体的所有顶点都会受到变形影响，不管它们位于结构线框的内部还是外部。

　　⑤重置单击"重置"按钮，可以将所有控制点恢复到初始位置。

　　⑥全部动画化：单击"全部动画化"按钮，可以为全部控制点指定 Point3（点 3）动画控制器，使其可以在轨迹视图中显示出来。

　　⑦与图形一致：单击"与图形一致"按钮，修改后的 FFD 结构线框的控制点向模型的表面靠近，使 FFD 结构线框更接近模型的形态。

　　⑧内部点：选中该复选框后，只有物体的内部点受到"与图形一致"操作的影响。

　　⑨外部点：选中该复选框后，只有物体的外部点受到"与图形一致"操作的影响。

　　⑩偏移：用于设置受"与图形一致"操作影响的控制点偏移对象曲面的距离。

　　（2）"FFD 3×3×3"修改器的 3 个子对象，如图 3-68 所示。

图 3-68　"FFD 3×3×3"修改器的 3 个子对象

　　①控制点：单击该子对象后，可以在视图中选择控制点并移动它的位置，从而改变模型的形状。

②晶格：单击该子对象后，可以在视图中对 FFD 结构线框实施移动、缩放及旋转操作，从而改变模型的形状。

③设置体积：单击该子对象后，可以在不改变模型形状的前提下调整控制点的位置，使 FFD 结构线框符合模型的形状，从而起到参照作用。

3. "锥化"修改器

"锥化"修改器是将物体沿某个轴向逐渐放大或缩小，可以将锥化的效果控制在三维图形的一定区域内。效果为一端放大而另一端缩小，锥化前、后的形态对比如图 3-69 所示。

使用"锥化"修改器时，需要先选择要修改的对象，然后进入"修改"面板，在"修改器列表"中选择"锥化"修改器后即可进行修改操作。

"锥化"修改器的"参数"卷展栏如图 3-70 所示。

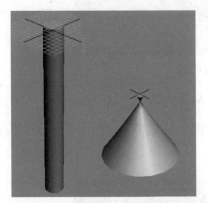

图 3-69　锥化前、后的形态对比

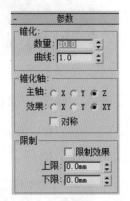

图 3-70　"参数"卷展栏

（1）数量：用于设置锥化的大小程度。取正值时，对象向外进行锥化；取负值时，对象向内进行锥化。

（2）曲线：用于设置锥化曲线的弯曲程度。取值为 0 时，锥化曲线为直线；大于 0 时，锥化曲线向外凸出，值越大，凸出得越多；小于 0 时，锥化曲线向内凹陷，值越小，凹陷得越多。

（3）主轴：用于设置锥化所依据的主要坐标轴向，默认为 Z 轴。

（4）效果：用于设置锥化所影响的轴向，默认为 X、Y 轴。

（5）对称：选中该复选框后，对象将产生对称的锥化效果。

任务拓展

制作旋转楼梯

【步骤 1】启动 3ds Max 中文版，执行"自定义"→"单位设置"命令，在打开的"单位设置"对话框中将单位设置为"毫米"。

【步骤 2】单击工具栏中的"捕捉"按钮并右击，在弹出的快捷菜单中选择"栅格和捕捉设置"选项，在打开的"栅格和捕捉设置"对话框中选择"栅格点"选项。

【步骤3】将前视图最大化显示（可按〈Alt+W〉组合键）。

【步骤4】执行"创建"→"图形"→"线"命令，在前视图中绘制如图3-71所示的线形，控制踏步的数值为"水平三个栅格""垂直两个栅格"。

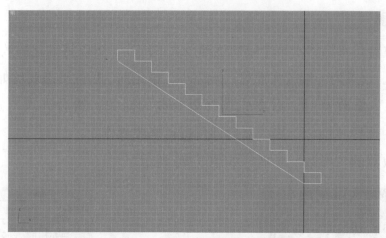

图3-71 绘制的楼梯截面线

【步骤5】进入"修改"面板，按下〈2〉键，进入"线段"子对象层级，在前视图中选择下面的线段，然后在"拆分"按钮右侧的微调框中输入"10"，单击"拆分"按钮，此时选择的线段加上10个顶点，如图3-72所示。

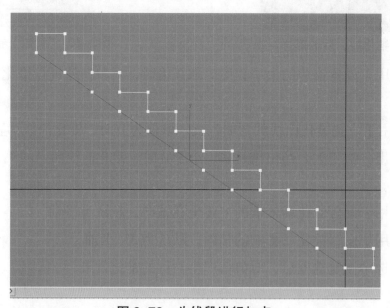

图3-72 为线段进行加点

【小技巧】

在对"线段"子对象进行拆分的过程中，顶点的类型必须是"角点"方式，否则它不是等分的。

【步骤6】为绘制的线形添加"挤出"修改器，将"数量"设置为 1 500，效果如图 3-73 所示。

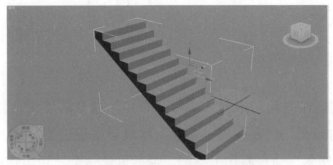

图 3-73　添加"挤出"修改器

【步骤7】使用同样的方法在前视图中绘制出楼梯挡板的截面，然后为其增加 12 个顶点，如图 3-74 所示。

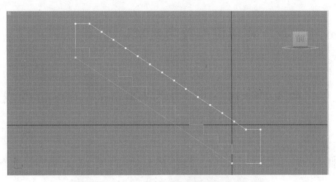

图 3-74　绘制楼梯挡板的截面

【小技巧】

为线段增加顶点的目的是使后面进行弯曲时达到更好的效果，如果不增加顶点，就不能进行弯曲。

【步骤8】在命令面板中执行"挤出"修改命令，设置"数量"为 2，在顶视图中沿 Y 轴向下复制一个，使用"对齐"命令进行对齐。

【步骤9】选择所有的模型，在"修改器列表"中执行"弯曲"修改命令，将"角度"设置为 90，"方向"设置为 90，选中"X"单选按钮，旋转楼梯效果如图 3-75 所示。

【步骤10】保存文件，并命名为"旋转楼梯 .max"。

图 3-75　旋转楼梯效果

任务4 制作时尚艺术凳

任务分析

本实例主要通过制作时尚艺术凳来学习"布尔"命令的使用，首先使用"线"命令绘制出时尚艺术凳的剖面，然后添加"车削"修改器生成三维物体，再创建球体作为布尔运算物体，使用"布尔"命令制作出圆洞，最后创建一个"切角圆柱体"作为坐垫。

任务实施

制作时尚
艺术凳

1. 设置单位

首先启动 3ds Max 中文版，将单位设置为毫米。

2. 创建曲线

使用"线"命令在前视图中绘制一个尺寸为 600 mm×400 mm 的线形，如图 3-76 所示。

【小技巧】

为了准确地控制好线形尺寸，我们在绘制线形时可以先绘制一个矩形作为参照，再绘制线形就能很好地控制好尺寸了。

3. 添加轮廓

按下〈3〉键，进入"样条线"子对象层级，然后为线形添加轮廓，如图 3-77 所示。

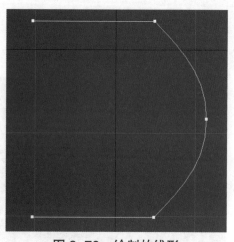

图 3-76 绘制的线形

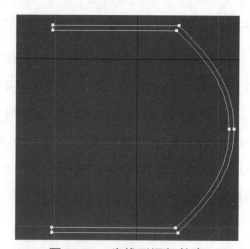

图 3-77 为线形添加轮廓

4. 添加"车削"修改器

确认绘制的线形处于选择状态，在"修改器列表"中添加"车削"修改器，勾选

"参数"卷展栏下的"焊接内壳"复选框，再单击"对齐"选项区域中的"最小"按钮，效果如图 3-78 所示。

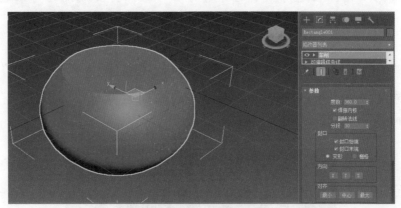

图 3-78　车削后效果

5. 创建球体

在前视图中创建一个球体，位置及参数如图 3-79 所示。

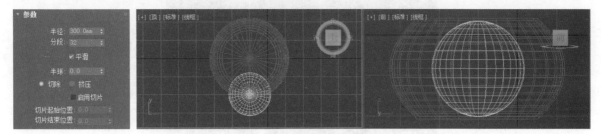

图 3-79　创建的球体

6. 复制球体

在顶视图中复制一个球体，放在对面，然后旋转复制一组，如图 3-80 所示。

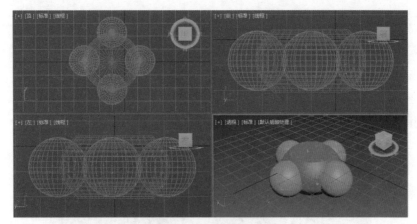

图 3-80　复制的球体

7. 附加球体

选择其中一个球体，然后执行"编辑网格"修改命令，再单击"编辑几何体"下的"附加"按钮，单击视图中的另外 3 个球体，将它们附加为一体。

【小技巧】

将球体附加为一体，在进行布尔运算时可以一次性将要减掉的对象进行布尔。

8. 布尔运算

选择执行"车削"修改命令的线形，然后执行"创建"→"几何体"→"标准基本体"→"复合对象"→"布尔"命令，再单击"添加运算对象"按钮，在"运算对象参数"下边单击"差集"按钮，如图3-81所示。

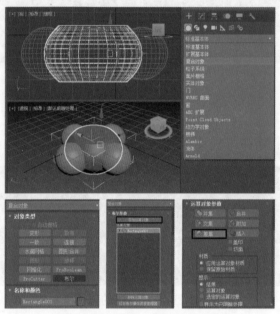

图3-81　执行"布尔"命令

【小技巧】

参与布尔运算的对象，必须有相交的部分，如果没有相交，在执行"交集"和"差集"时将不会出现运算结果。

9. 布尔结果

在视图中单击附加为一体的球体，效果如图3-82所示。

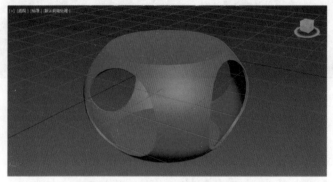

图3-82　布尔运算后的效果

10. 创建底座

在凳子的上面创建一个切角圆柱体作为坐垫，其参数及时尚艺术凳最终效果如图 3-83 所示。

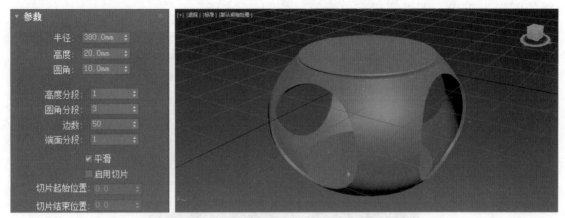

图 3-83　坐垫参数及时尚艺术凳最终效果

11. 保存文件

单击菜单中的"保存"按钮，将此模型保存为"时尚艺术凳 .max"。

必备知识

1. 二维图形布尔运算

布尔运算是一种逻辑数学计算方法，通常用于处理两个模型相交的情形，进行布尔的前提是两个闭合多边形互相交叉，布尔运算效果如图 3-84 所示。

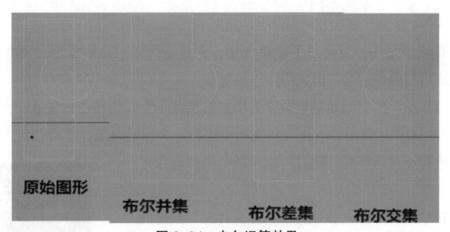

图 3-84　布尔运算效果

并集：将两个重叠样条线组合成一个样条线，在该样条线中，重叠的部分被删除，保留两个样条线不重叠的部分。

差集：从第一个样条线中减去与第二个样条线重叠的部分，并删除第二个样条线中剩余的部分。

相交：仅保留两个样条线的重叠部分，删除两者的不重叠部分。

具体操作方法是创建二维图形后将其转换为可编辑样条线，将两个样条线附加为一体，选择其中一条样条线，选择布尔运算方式后，单击"布尔"按钮，然后在要参与布尔运算的图形上单击，即可完成布尔运算，如图 3-85 所示。

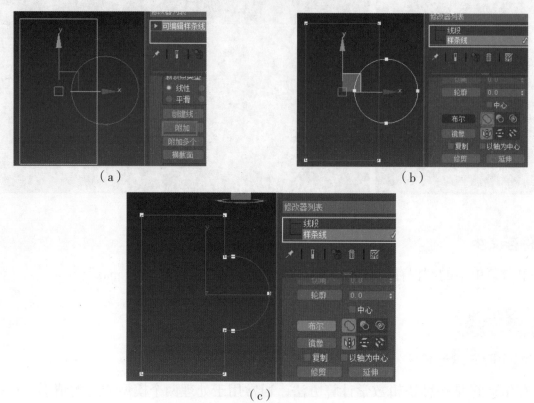

（a）　　　　　　　　　　（b）

（c）

图 3-85　二维图形布尔运算过程

2. 布尔运算建模

布尔运算建模是一种复合对象建模方法，它是将两个三维对象通过并集、交集和差集等运算方式后复合在一起，形成一个三维对象。

在布尔运算中，两个原始对象被称为操作对象，一个叫作操作对象 A，另一个叫作操作对象 B。进行布尔运算前，首先要在视图中选择一个原始对象，这时"布尔"按钮才可以使用，在进行布尔运算后，随时可以对两个操作对象进行修改。

要进行布尔运算操作，必须进入"复合对象"创建面板。在"创建"面板中单击"创建"按钮，并单击"标准基本体"按钮，在弹出的下拉列表中选择"复合对象"选项，即可进入"复合对象"创建面板，如图 3-86 所示。

当在视图中选择一个操作对象后，单击"布尔"按钮，会出现布尔运算的相关参数，如图 3-87 所示。

图 3-86　"复合对象"创建面板

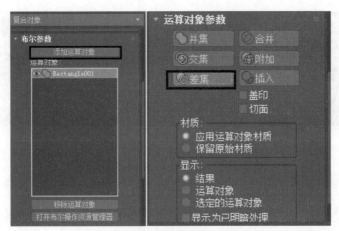

图 3-87　布尔运算的相关参数

布尔运算的主要参数如下。

（1）添加运算对象：单击此按钮后可以才场景中选取要参与布尔运算的对象。

（2）移除运算对象：选中运算对象列表中的对象后可以单击此按钮，将对象从运算对象列表中移除。

（3）打开布尔操作资源管理器：当场景中模型较多时，不易选择对象，可以单击此按钮打开布尔操作资源管理器，从中选择要参与布尔运算的对象。

（4）运算对象参数：

布尔运算方式有并集、交集、差集、合并、附加、插入，其中，使用最多的是前三种，操作方法类似，以差集操作为例，首先选择参与布尔操作的第一个操作对象 A，执行“布尔”命令，选择“差集”后单击“添加运算对象”按钮，在场景中选中要参与运算的第二个操作对象 B，可以从第一个操作对象中减去选择的操作对象，交集是保留两个操作对象的公共部分，并集是将参与运算的操作对象合为一个整体，各种运算效果如图 3-88 所示。

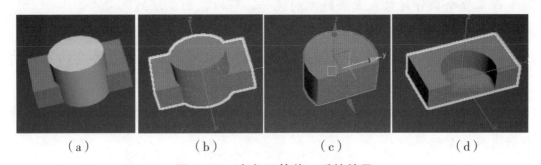

（a）　　　　　　（b）　　　　　　（c）　　　　　　（d）

图 3-88　布尔运算前、后的效果
（a）运算前;（b）并集;（c）交集;（d）差集

合并、附加、插入运算的效果外观与并集运算类似，只是模型的布线不同。合并运算模型保留原模型布线增加模型相交布线，附加运算模型包含两个模型的布线，插入运算类似于合并运算，但当对曲面模型进行插入运算时第二个模型布线插入第一个模型中，如图 3-89 所示。

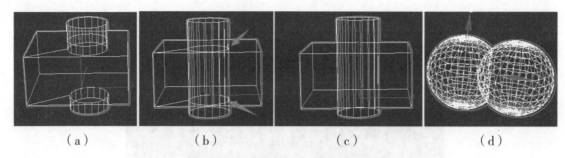

图3-89　其他布尔运算线框效果
（a）并集运算;（b）合并运算;（c）附加运算;（d）插入运算

（5）盖印：当模型使用差集运算时，勾选"盖印"复选框时布尔模型的空洞被覆盖封口。

（6）切面：当模型使用差集运算时，勾选"切面"复选框时布尔模型的空洞内面被删除，如图3-90所示。

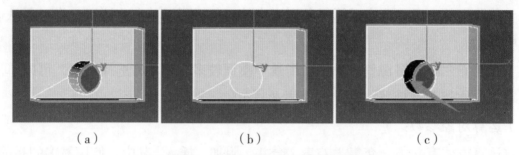

图3-90　差集运算、盖印和切面效果
（a）差集运算;（b）盖印;（c切面）

【小技巧】

在布尔运算过程中应当注意以下几点：

（1）保证整个操作对象表面法线方向统一，可以使用"法线"命令。

（2）确保运算对象的表面完全闭合，没有洞、重叠面或未被合并的顶点。

（3）如果对网格对象进行布尔运算，则要确保共享一条边界的面必须共享两个顶点，而且一条边界只能被这两个面共享。

（4）布尔运算只有对单个对象进行计算时才是可靠的，在对下一个对象进行计算之前要重新进行布尔运算。

任务拓展

制作哔哩电视小脑袋

制作哔哩电
视小脑袋

【步骤1】启动3ds Max中文版，将单位设置为毫米。

【步骤2】在前视图中创建一个"长度"为300 mm，"宽度"为400 mm，"角半径"为30 mm的矩形，效果如图3-91所示。

【步骤3】右击绘制的矩形，在弹出的快捷菜单中选择"转换为"→"可编辑样条线"选项，然后为矩形添加"挤出"修改器，设置挤出的"数量"为300，如图3-92所示。

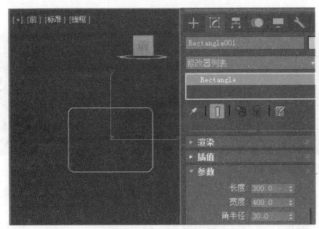

图 3-91　创建矩形

图 3-92　挤出矩形

【步骤4】继续在前视图创建一个矩形，将已创建的挤出模型移动到新建矩形的后方，如图3-93所示；修改矩形参数，如图3-94所示，右击新建矩形将其转换为可编辑样条线，在"修改"面板中选择"样条线"，在图形中单击选中矩形边，执行"几何体"卷展栏中的"轮廓"命令，输入轮廓值创建一条轮廓线，参数及效果如图3-95所示。

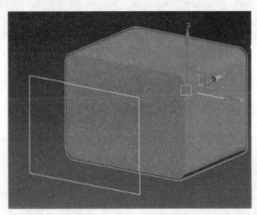

图 3-93　创建矩形

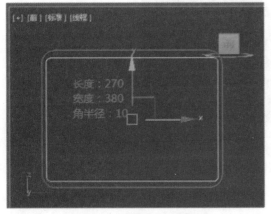

图 3-94　修改矩形参数

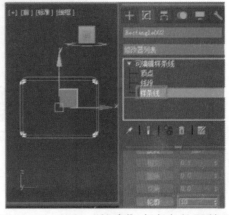

图 3-95　执行"轮廓"命令参数及效果

【步骤5】用上述方法继续创建一个圆角矩形，并将其旋转一定的角度，然后将其转换为"可编辑样条线"，使用"镜像"命令沿 X 轴复制一个圆角矩形，并移动复制图形的位置，效果如图 3-96 所示。

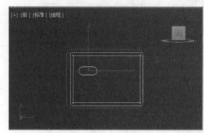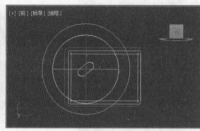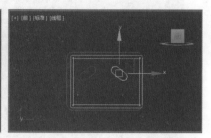

图 3-96　创建并复制圆角矩形

【步骤6】使用"线"命令绘制一个 W 图形，选择"样条线"子对象层级，为其添加轮廓，数值为 10，选择"顶点"子对象层级，框选所有顶点，右击选择"平滑"选项，将角点转换为平滑点，用移动工具调整点的位置如图 3-97 所示。

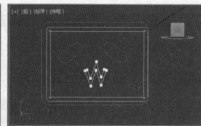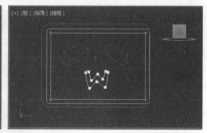

图 3-97　绘制并调整 W 图形

【步骤7】选择矩形样条线，单击"附加"命令将两个圆角矩形和 W 图形附加为一体，为附加后的样条线添加"挤出"修改器，设置"数量"为 300，如图 3-98 所示。

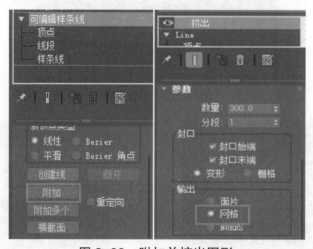

图 3-98　附加并挤出图形

【步骤8】用移动工具调整模型的位置，如图 3-99 所示。

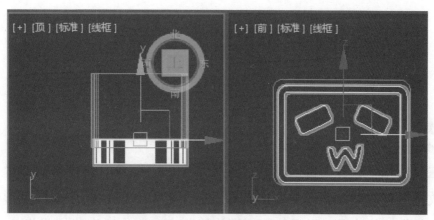

图 3-99　调整模型的位置

【步骤 9】选择外侧大的模型，执行"创建"→"标准基本体"→"复合对象"→"布尔"命令，在"运算对象参数"卷展栏中单击"差集"按钮，在"布尔参数"卷展栏中单击"添加运算对象"按钮后直接单击第二个多边形模型，如图 3-100 所示。

图 3-100　布尔运算

【步骤 10】执行"创建"→"几何体"→"扩展基本体"→"胶囊"命令，在顶视图创建一个胶囊模型，进入前视图调整胶囊的大小和位置，将调整好的胶囊模型使用"镜像"命令复制一个，并调整其位置，如图 3-101 所示。

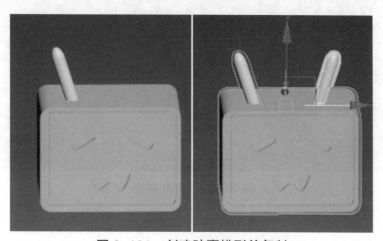

图 3-101　创建胶囊模型并复制

【步骤 11】保存文件，命名为"哔哩电视小脑袋 .max"。

任务5　制作牵牛花

任务分析

本实例主要使用"放样"修改器和放样变形中的"缩放"命令来制作牵牛花的造型。首先使用"放样"修改器制作牵牛花的花朵的外形轮廓,其次使用放样变形中的"缩放"命令制作牵牛花的花朵效果,最后使用"螺旋线"命令制作牵牛花的花茎。

制作牵牛花

任务实施

1. 设置单位

启动 3ds Max 中文版,执行"自定义"→"单位设置"命令,在打开的"单位设置"对话框中将单位设置为"毫米"。

2. 创建星形

执行"创建"→"图形"→"星形"命令,在顶视图中创建星形,设置"半径1"为115 mm、"半径2"为105 mm、"点"为12 mm、"圆角半径1"为1 mm、"圆角半径2"为1 mm,如图 3–102 所示。

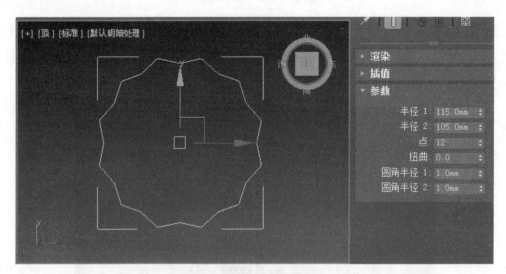

图 3–102　创建星形

3. 放样图形

单击"线"按钮,在前视图中新建一条直线,单击"几何体"按钮,选择"复合对象"面板中的"放样"命令,然后选择直线,再单击"获取图形"按钮,最后单击星形完成放样过程,效果如图 3–103 所示。

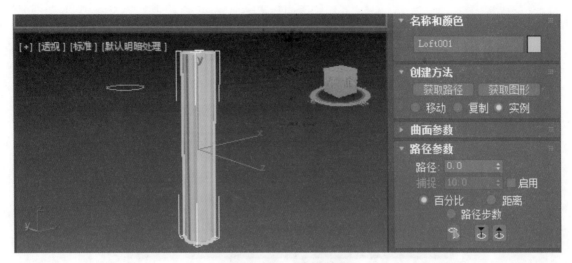

图 3-103　放样效果

4. 修改蒙皮参数

选择放样物体，进入"修改"面板，展开"蒙皮参数"卷展栏，去掉放样物体上下端的封盖，如图 3-104 所示。

5. 修改曲线

选择放样物体，进入"修改"面板，展开"变形"卷展栏，单击"缩放"按钮，在弹出的面板中按照图 3-105 所示中的参数修改曲线。修改后的效果如图 3-106 所示。

图 3-104　修改蒙皮参数

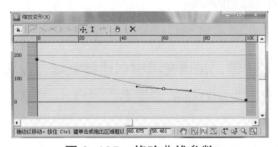

图 3-105　修改曲线参数

图 3-106　修改后的效果

6. 创建曲线

在顶视图中新建一个圆形，然后在前视图中创建二维曲线，如图 3-107 所示。

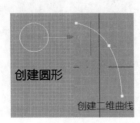

图 3-107　创建圆形及二维曲线

7. 打开"缩放变形"对话框

以圆形为截面、线条为路径进行放样，在"缩放变形"对话框中调节缩放曲线的形状，如图 3-108 所示。

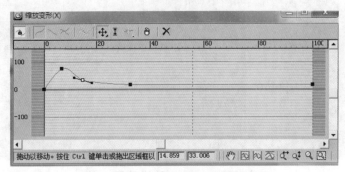

图 3-108　调节缩放曲线的形状

8. 复制花蕊

将花蕊进行复制并排列，效果如图 3-109 所示。

图 3-109　排列花蕊后的效果

9. 创建螺旋线

进入图形"创建"面板，单击"螺旋线"按钮，在顶视图中创建螺旋线，设置"半径 1"为 300 mm、"半径 2"为 50 mm、"高度"为 700 mm、"圈数"为 1.5、"偏移"为 0.5 mm，参数及效果如图 3-110 所示。

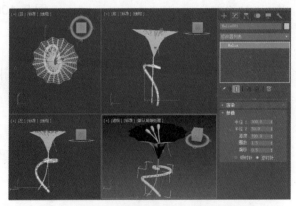

图 3-110　创建螺旋线的参数及效果

10. 渲染效果

选择螺旋线，进入"修改"面板，打开"渲染"卷展栏，设置"厚度"为 20 mm、"边"为 12、"角度"为 0。选中"渲染"单选按钮，生成贴图坐标，显示渲染网格，效果如图 3-111 所示。

11. 保存文件

单击菜单栏中的"保存"按钮，将此模型保存为"牵牛花 .max"。

图 3-111　牵牛花效果

必备知识

1. 放样建模基本原理

放样建模是创建 3D 对象最重要的方法之一，放样建模利用两个或两个以上的二维图形来创建三维模型。利用放样可以创建作为路径的图形对象及任意数量的横截面图形，该路径可以成为一个框架，用于保留形成放样对象的横截面。利用放样工具，可以制作更为复杂的三维模型，如复杂雕塑、欧式立柱、窗帘、牙膏、牙刷等模型。

放样建模的原理是沿一条指定的路径排列截面图形，从而形成对象的表面，如图 3-112 所示。

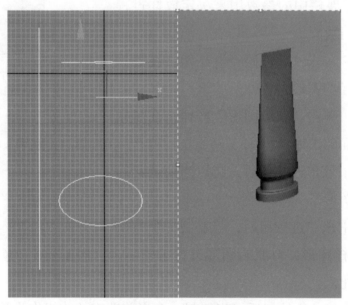

图 3-112　放样示意

2. 放样建模的基本步骤

（1）创建二维图形，作为放样对象的截面图形和路径图形。

（2）选择路径图形或截面图形。在"复合对象"创建面板的"对象类型"卷展栏中单击"放样"按钮。

（3）在"创建方法"卷展栏中单击"获取图形"或"获取路径"按钮，然后在视图中拾取截面图形或路径图形。

【小技巧】

如果先选择作为放样路径的图形，则在"创建方法"卷展栏中单击"获取图形"按钮；如果先选取作为截面图形的放样曲线，则要在"创建方法"卷展栏中单击"获取路径"按钮。两者没有本质区别，放样后的模型对象完全一样，只是放样后模型的位置和方向不同。

3. 放样建模的基本条件

（1）放样的截面图形和放样路径必须都是二维图形。

（2）截面图形可以是一个，也可以是任意多个。

（3）放样路径只能有一条。

（4）截面图形可以是开放的图形，也可以是封闭的图形，但不能有自相交的情况。

4."放样"命令的主要参数

"放样"命令的主要参数如图 3-113 所示。

1）"创建方法"卷展栏

"创建方法"卷展栏中的参数用来决定放样过程中使用哪种方式进行放样。

（1）获取路径：单击"获取路径"按钮，在场景中选择作为放样路径的图形。

（2）获取图形：单击"获取图形"按钮，在场景中选择作为放样截面的图形。

（3）移动：选中该单选按钮后，将以当前选定的曲线直接作为放样图形。

（4）复制：选中该单选按钮后，将复制一个当前选定的曲线作为放样图形，对原始图形进行编辑后，放样曲线不发生变化。

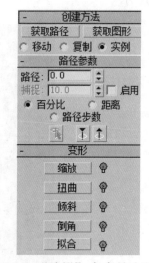

图 3-113 "放样"命令的主要参数

（5）实例：选中该单选按钮后，将复制一个当前选定的曲线作为放样图形，对原始图形进行编辑后，放样曲线也随着变化。

2）"路径参数"卷展栏

"路径参数"卷展栏中的参数用来设置放样物体路径上各个截面图形的间隔位置。

（1）路径：依据指定的测量方式，在路径上确定一个放样位置点。

（2）捕捉：依据指定的测量方式，确定放样路径上截面图形固定的距离增量。勾选"启用"复选框后，"捕捉"选项生效。

（3）百分比：选中该单选按钮后，将依据路径全长的百分比测量放样位置点。

（4）路径步数：选中该单选按钮后，将依据路径曲线的步数和顶点确定放样位置点。

（5）拾取图形：单击该按钮后，可以在放样物体中手动拾取放样截面，该按钮只在"修改"面板中可用。

（6）前一个图形：单击该按钮后，将跳转到前一个截面图形所在的位置点。

（7）下一个图形：单击该按钮后，将跳转到下一个截面图形所在的位置点。

3）"变形"卷展栏

"变形"卷展栏中提供了5个重要的修改命令，主要用于修改放样物体。

（1）缩放：单击"缩放"按钮，弹出"缩放变形"窗口，在该窗口中，可以将路径上的截面在 X、Y 轴方向上做缩放变形。该窗口中包含两条变形线，红线表示 X 轴向的缩放比例；绿线表示 Y 轴向的缩放比例。

（2）扭曲：单击"扭曲"按钮，弹出"扭曲变形"窗口，在该窗口中，可以将路径上的截面以 Z 轴为旋转轴进行扭曲。该窗口中包含一条红色变形线，输入正值时产生逆时针方向的旋转；输入负值时产生顺时针方向的旋转。

（3）倾斜：单击"倾斜"按钮，弹出"倾斜变形"窗口，在该窗口中，可以将路径上的截面在 X、Y 轴方向上进行倾斜。该窗口中包含两条变形线，红线表示 X 轴向的倾斜角度；绿线表示 Y 轴向的倾斜角度。

（4）倒角：单击"倒角"按钮，弹出"倒角变形"窗口，在该窗口中，可以对放样物体进行倒角变形。该窗口中包含一条红色变形线，输入正值时增加倒角量；输入负值时产生反向倒角的效果。

（5）拟合：单击"拟合"按钮，弹出"拟合变形"窗口。拟合是根据机械制图中的三视图原理，通过2个或3个方向上的轮廓图形将放样复合物体的外部边缘进行拟合，利用该按钮可以放样生成复制的物体。在该窗口中包含两条变形线，红线表示 X 轴向的轮廓图形；绿线表示 Y 轴向的轮廓图形。

任务拓展

制作艺术台灯

制作艺术台灯

【步骤1】启动 3ds Max 中文版，将单位设置为毫米。

【步骤2】执行"创建"→"图形"→"星形"命令，在顶视图绘制一个星形，作为放样命令的截面，参数及效果如图 3-114 所示。

【步骤3】在前视图绘制一条"长度"为400 mm的直线，作为放样命令的路径，其形态如图3-115所示。

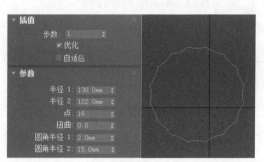

图3-114　创建星形的参数及效果

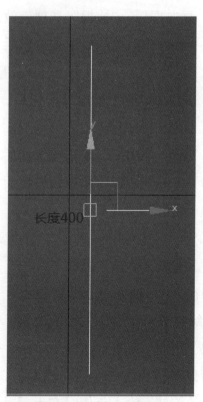

图3-115　绘制直线

【步骤4】将绘制的星形转换为可编辑样条线，然后为其添加一个"数值"为1 mm的轮廓，如图3-116所示。

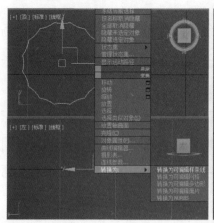

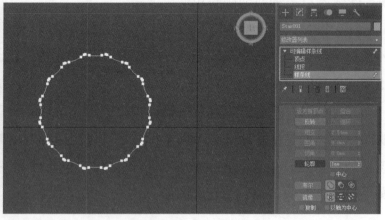

图3-116　为星形添加轮廓

【步骤5】在前视图中选择绘制的直线，执行"放样"命令，在"放样"命令的"创建方法"卷展栏中，单击"获取图形"按钮，在顶视图中单击创建的星形，生成放样对象。为了优化模型，可以修改一下步数，效果如图3-117所示。

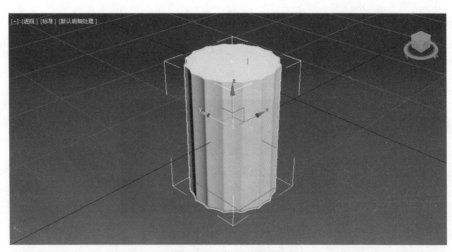

图 3-117　放样对象

【步骤6】选中放样对象，在"放样"命令的"变形"卷展栏下单击"缩放"按钮，弹出"缩放变形"窗口，在窗口中调整其两端的顶点位置及形状，效果如图 3-118 所示。

图 3-118　对放样对象进行缩放处理

【步骤7】选中放样对象，在"放样"命令的"变形"卷展栏下单击"扭曲"按钮，弹出"扭曲变形"窗口，在窗口中调整其两端的顶点位置及形状，如图 3-119 所示。

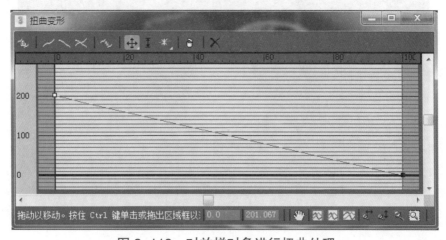

图 3-119　对放样对象进行扭曲处理

【步骤8】如果发现灯罩不是很平滑，可以改变"蒙皮参数"卷展栏下的"选项"中的"图形步数"和"路径步数"，这样就可以得到一个平滑的效果，参数和效果如图3-120所示。

图3-120　修改灯罩平滑度

【步骤9】在前视图中使用"线"命令绘制出艺术台灯底座的剖面，然后对其执行"车削"修改命令，并单击"对齐"选项区域中的"最小"按钮，得到台灯底座模型，效果如图3-121所示。

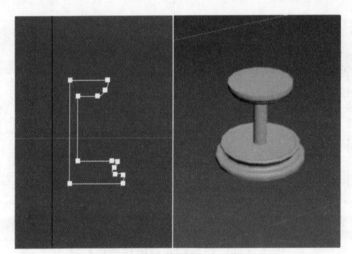

图3-121　创建底座模型

【步骤10】调整艺术台灯各部分位置，得到最终模型，效果如图3-122所示。

图3-122　艺术台灯最终效果图

【步骤11】保存文件，命名为"艺术台灯.max"。

任务6　制作小汽车

任务分析

　　本实例通过制作精美汽车模型，使用户掌握多边形建模的基本要点，使用编辑多边形命令完成挤出、切角、连接、焊接、分离、封口等的操作。

汽车建模1

任务实施

　　（1）启动 3ds Max，在前视图中创建一个长方体模型，修改模型参数，命名为"车身"，如图 3-123 所示。

　　（2）右击模型将模型转换为可编辑多边形，按〈2〉键进入多边形"边"层级，拖动鼠标选中多条边，单击"编辑边"卷展栏中的"连接"命令（快捷键为〈Ctrl+Shift+E〉），添加一条线，如图 3-124 所示。

图 3-123　创建长方体

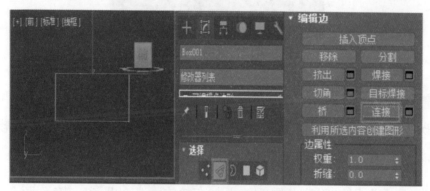

图 3-124　创建连接线

　　（3）按〈1〉键进入"顶点"层级，用移动工具选择点并调整位置，按〈4〉键进入"多边形"层级，在顶视图中选择车顶面，执行"倒角"命令，输入参数后确定，如图 3-125 所示，用移动工具将选择的面向后稍微移动一点。

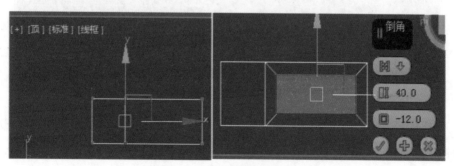

图 3-125　倒角车顶面

（4）在前视图中创建一个圆柱体作为车轮，修改边数为8，调整圆柱体位置，命名为"前车轮"，按住〈Shift〉键移动圆柱体，此时复制一个圆柱体，将其移动到后车轮位置，命名为"后车轮"，如图3-126所示。

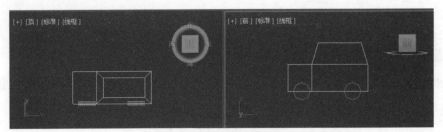

图3-126　创建车轮

（5）选择车身，在前视图中执行"编辑几何体"下面的"剪切"命令（快捷键为〈Alt+C〉），在车身模型中沿车轮位置剪切出轮廓线，如图3-127所示。

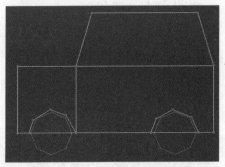

图3-127　剪切车轮轮廓线

【小技巧】

使用剪切工具，可以在模型表面中剪切出任意形状的图形，单击可以形成顶点，连续两个点可以形成线段，右击结束剪切。

（6）选择"顶点"层级调整点位置使之与车轮有一定的距离。隐藏两个车轮模型，选择"多边形"层级，选择剪切的多边形将其删除，同时删除车体底面，如图3-128所示。

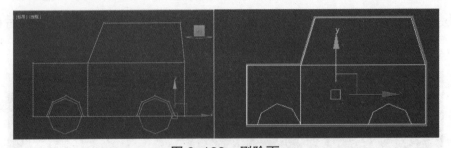

图3-128　删除面

（7）进入左视图，按〈2〉键进入"边"层级，用鼠标框选所有水平线，执行"连接"命令（快捷键为〈Ctrl+Shift+E〉），在模型中间添加一条垂直线，按〈1〉键进入"顶点"层级框选左侧所有点，按〈Delete〉键将其删除，只留下另一半模型，如图3-129所示。

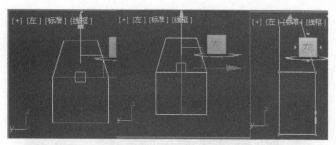

图 3-129　连接线并删除车体的一半

（8）选择"边"层级，按住〈Ctrl〉键单击前、后车轮轮廓边，执行"挤出"命令，将选中的边挤出，如图 3-130 所示。

（9）进入左视图，使用剪切工具（按〈Alt+C〉键）沿着车体下边缘切出一条线作为保险杆位置，用同样的方法在侧面、后面剪切出保险杆位置，按〈1〉键进入"顶点"层级调整点的位置，选择"多边形"层级，选择剪切出的多边形，执行"挤出"命令，挤出一定的高度，如图 3-131 所示。

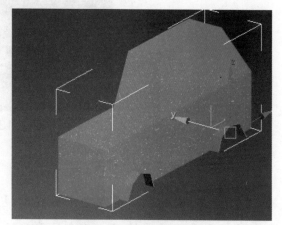

图 3-130　挤出轮廓线

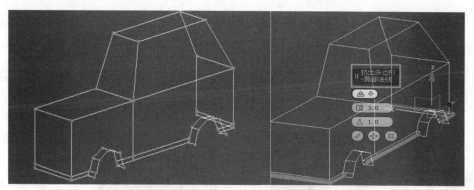

图 3-131　剪切并挤出保险杠

（10）继续使用剪切工具，将前挡风玻璃、后挡风玻璃、侧窗玻璃位置切割出来，并调整顶点位置，如图 3-132 所示。

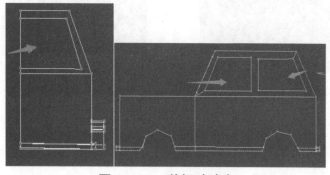

图 3-132　剪切玻璃窗

（11）连接顶点整理布线，选择要连接的两个顶点，执行"连接"命令（快捷键是〈Ctrl+Shift+E〉），将两个顶点连接成一条边，对于多余的顶点或边，可以选中后按〈Backspace〉键（退格键）将其清除，如图 3-133 所示。

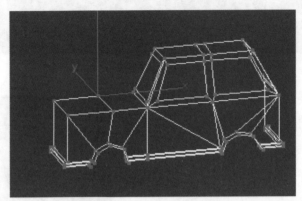

图 3-133　整理模型布线

（12）执行"层次"下"轴"的"仅影响抽"命令，将模型坐标轴移动到中间边线上，再次单击"仅影响轴"按钮取消命令。删除侧面，如图 3-134 所示。

（13）选中车身，为其添加"对称"修改器，右击"对称"修改器选择"塌陷到"命令，将"对称"修改器塌陷到多边形，如图 3-135 所示。

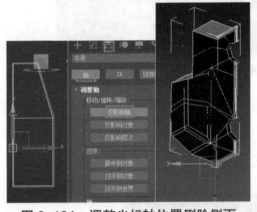

图 3-134　调整坐标轴位置删除侧面

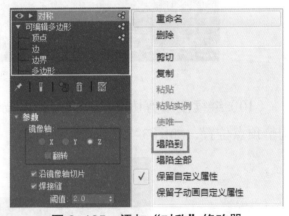

图 3-135　添加"对称"修改器

（14）进入"多边形"层级，按〈Ctrl〉键选择玻璃窗的面，执行"编辑几何体"下面的"分离"命令，分离对象命名为"玻璃窗"，选择玻璃窗对象，为其添加"壳"修改器，设置"内部量"为2，"外部量"为0，如图 3-136 所示。

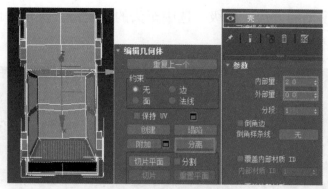

图 3-136　分离玻璃窗

（15）进入玻璃窗模型的"边"层级，选中"编辑几何体"下的"约束"选项区域中的"边"单选按钮，选中侧玻璃面的上边，用移动工具向下移动一段距离，另一侧用同样的方法使玻璃窗向下移动，按〈Alt+X〉键将玻璃半透明显示，如图 3-137 所示。

（16）将隐藏的车轮显示出来，将其转换为可编辑多边形，选择车轮外面的多边形，执行"编辑多边形"下面的"插入"命令，拖动鼠标向内插入一个面；执行"挤出"命令将面向里面挤出，重复执行"插入""挤出"命令，最后用缩放工具将选择的多边形变小，如图 3-138 所示。

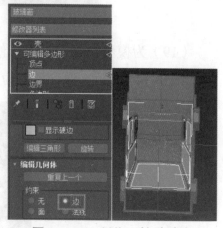

图 3-137　制作下拉玻璃窗

图 3-138　制作车轮

（17）将制作好的车轮模型复制到车身其他车轮位置，复制车轮然后将其缩小并移动到前、后车灯位置，创建长方体模型，调整大小位置并复制多个，制作出车前的进气栅格，利用切角长方体制作出后视镜，如图 3-139 所示。

图 3-139　制作其他部件

（18）选择车体模型的"边"层级，选中车头的直角边，执行"切角"命令，为直角边添加切角效果，如图3-140所示。

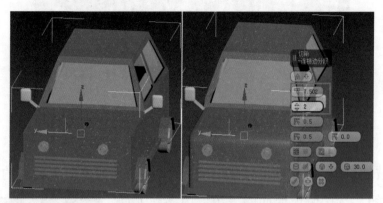

图3-140　切角直角边

（19）为模型添加"平滑"修改器，选择一个光滑组，为模型指定一个颜色，最后效果如图3-141所示，保存模型为"汽车.max"。

图3-141　最终效果图

必备知识

多边形建模是一种非常重要的建模方法，一般需要先创建一个三维对象，再将其转换为可编辑多边形，通过对顶点、边、边界、多边形、元素5个子对象的编辑，可得到所需的三维造型。

1. 将三维对象转换为可编辑多边形的方法

（1）将三维对象转换为可编辑多边形有以下两种方法。

①在视图中选择三维对象，进入"修改"面板，在"修改器列表"中选择"编辑多边形"命令。

②在视图中的三维对象上右击，从弹出的快捷菜单中选择"转换为"→"转换为可编辑多边形"命令。

（2）两种方法的区别。

从命令的组织形式上来说，两者是一样的，执行任意一个命令后，对象都是由顶点、边、边界、多边形和元素组成的。但是两者又是有区别的，执行"修改"面板中的"编辑多边形"命令以后，对象仍然保留了底层参数；而执行了"转换为可编辑多边形"命令后，对象的底层参数将被丢弃，如图 3-142 所示。

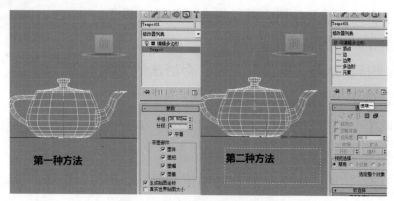

图 3-142　两种方法的区别

2. 可编辑多边形的子对象

在编辑器堆栈中，单击"编辑多边形"选项左边的"+"按钮，展开编辑层次，可以分别选择顶点、边、边界、多边形和元素 5 个子对象进行编辑和修改，也可以在"选择"卷展栏中单击"顶点" 、"边" 、"边界" 、"多边形" 和"元素" 按钮。

（1）顶点。顶点是空间中的点，它是对象的最基本层次。当移动或编辑顶点时，顶点所在面也受影响。对象形状的任何改变都会导致重新安排顶点。在 3ds Max 中有很多编辑方法，但是最基本的编辑方法是顶点编辑。

（2）边。边是指一条可见或不可见的线，它连接两个顶点，从而形成面的边。两个面可以共享一条边。处理边的方法与处理顶点类似，在网格编辑中经常使用。

（3）边界。边界由仅在一侧带有面的边组成，并总为完整循环。例如，长方体一般没有边界，但茶壶对象有多个边界：壶身上、壶嘴上各一个，壶柄上两个。如果创建一个圆柱体，然后删除一端，这一端的一行边将组成圆形边界。

（4）多边形。多边形是由可见的线框边界内的面形成的。多边形是面编辑的便捷方法。

（5）元素。元素是网格对象中一组连续的表面，如长方体总体就是一个元素，茶壶就是由 4 个不同元素组成的几何体。

3. 可编辑多边形的重要参数

可编辑多边形的功能非常强大，参数也非常多，选择不同的子对象时会出现不同的参数，具体如下。

1）"编辑顶点"卷展栏

进入"顶点"子对象层级，可以对选择的顶点进行编辑，除了可以移动、缩放外，

还可以在"编辑顶点"卷展栏中对顶点进行设置，如图
3-143所示。

图3-143 "编辑顶点"卷展栏

（1）移除：单击"移除"按钮，可以将选择的顶点删除。

（2）断开：单击"断开"按钮，可以将选择的顶点断开。

（3）挤出：单击"挤出"按钮，在视图中直接拖动选择
的顶点，可以手动挤出顶点，挤出顶点时，会沿法线方向
移动，并且创建新的多边形。

（4）焊接：单击"焊接"按钮，可以对"焊接"对话框中指定公差范围内的连续顶点
进行合并。

（5）切角：单击"切角"按钮，在视图中拖动鼠标，可以对选择的顶点进行切角设置，
如图3-144所示。如果拖动一个未被选择的顶点，则会取消已被选择的顶点。

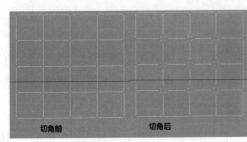

图3-144 切角顶点

（6）目标焊接：单击"目标焊接"按钮，可以选择一个顶点，然后将其焊接到目标顶点上。

（7）连接：单击"连接"按钮，可以在选择的顶点之间创建新的边。

（8）移除孤立顶点：单击"移除孤立顶点"按钮，可以将不属于任何多边形的所有顶点删除。

（9）移除未使用的贴图顶点：某些建模操作会留下未被使用的（孤立）贴图顶点，它
们会显示在"展开UVW"编辑器中，但是不能用于贴图，单击"移除未使用的贴图顶点"
按钮，可以自动删除这些贴图顶点。

2）"编辑边"卷展栏

进入"边"子对象层级，可以对选择的边进行编辑，可以对边子对象进行移动、分
割、连接等操作。"编辑边"卷展栏如图3-145所示。

（1）插入顶点：单击"插入顶点"按钮，在边子对象上单击，可以插入顶点，从而将
边子对象进行细分。

（2）移除：单击"移除"按钮，可以删除选定的边并组合使用这些边的多边形。

（3）连接：单击"连接"按钮，使用当前"连接边"对话框中的设置，在每对选定的
边之间创建新边。制作室内效果图时，该命令使用较多。

3）"编辑多边形"卷展栏

进入"多边形"子对象层级，可以对多边形子对象进行各种编辑操作，从而满足建
模的要求。"编辑多边形"卷展栏如图3-146所示。

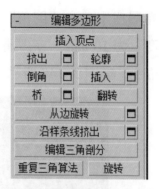

图 3-145　"编辑边"卷展栏　　　　图 3-146　"编辑多边形"卷展栏

（1）挤出：单击"挤出"按钮，选择并拖动多边形子对象，可以将其挤出一定的厚度。单击右侧的小按钮，可以通过对话框进行精确挤出。

（2）倒角：单击"倒角"按钮，选择并拖动多边形子对象，可以对其进行倒角设置。单击右侧的小按钮，可以通过对话框进行精确倒角。

（3）轮廓：单击"轮廓"按钮，选择并拖动多边形对象，可以对其进行收缩或扩展设置。

（4）插入：单击"插入"按钮，选择并拖动多边形子对象，可以在选择的多边形子对象中再插入一个多边形子对象。

任务拓展

制作哑铃

制作哑铃

【步骤1】启动 3ds Max 中文版，执行"自定义"→"单位设置"命令，在打开的"单位设置"对话框中将单位设置为"毫米"。

【步骤2】执行"创建"→"几何体"→"标准基本体"→"圆柱体"命令，在前视图中创建一个"高度"为0的圆柱体，其参数设置如图 3-147 所示。

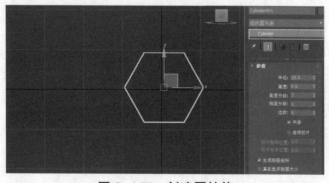

图 3-147　创建圆柱体

【步骤3】进入"修改"面板，在"修改器列表"中选择"编辑多边形"命令，在"选择"卷展栏中单击"多边形"按钮，进入"多边形"子对象层级。

【步骤4】在前视图中单击圆柱体的顶面，选择一个多边形面（呈红色），然后在"编辑多边形"卷展栏中单击"倒角"按钮右侧的 ▣ 按钮，在弹出的"倒角多边形"对话框中设置"高度"为 10 mm、"轮廓量"为 13 mm，单击"确定"按钮后，多边形产生一定的厚度与倒角度，如图 3-148 所示。

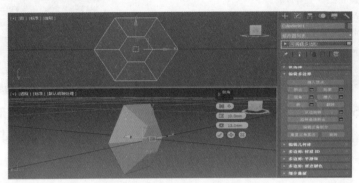

图 3-148　倒角多边形 1

【步骤 5】在"编辑多边形"卷展栏中单击"挤出"按钮右侧的 ▣ 按钮，在弹出的"挤出多边形"对话框中设置"挤出高度"为 20 mm，单击"确定"按钮，如图 3-149 所示。

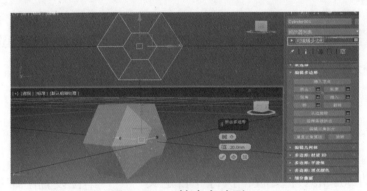

图 3-149　挤出多边形 1

【步骤 6】在"编辑多边形"卷展栏中单击"倒角"按钮右侧的 ▣ 按钮，在弹出的"倒角多边形"对话框中设置"高度"为 10 mm、"轮廓量"为 −13 mm，如图 3-150 所示。

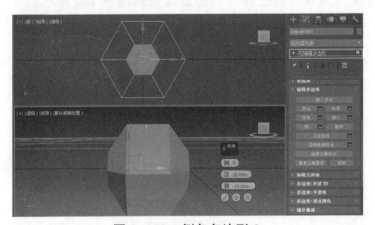

图 3-150　倒角多边形 2

【步骤 7】在"编辑多边形"卷展栏中单击"挤出"按钮右侧的 ▣ 按钮，在弹出的"挤出多边形"对话框中设置"挤出高度"为 60 mm，如图 3-151 所示。

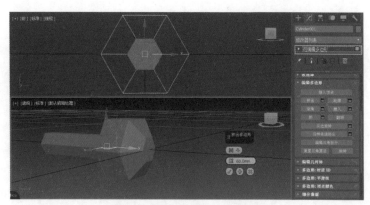

图 3-151　挤出多边形 2

【步骤 8】重复前面的步骤，制作出哑铃的另一端，完成哑铃模型的制作，效果如图 3-152 所示。

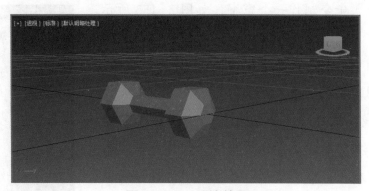

图 3-152　哑铃效果

【步骤 9】保存文件，并命名为"哑铃 .max"。

|||||||||||||||||||||||||||||||||||||| 项目总结 ||||||||||||||||||||||||||||||||||||||

本项目主要介绍了一些修改器的使用方法，修改器是三维效果图制作中常用的修改工具，使用修改器可以将二维图形处理成三维对象，还可以修改三维对象的效果等。同时还介绍了放样建模、布尔运算建模、多边形建模等几种特殊的建模方法，这几种建模方法在效果图制作中应用比较广泛。因此，读者需要掌握每一种建模方法的技术要领。

至此，大家已经学完了 3ds Max 的主要建模方法。建模是进行三维创作的基础，熟练掌握各种建模方法是创作优秀作品的必要条件之一。在实际工作中各种建模方法都是综合使用的，具体使用什么方法和怎么用这些方法是建模的关键，对此要多加练习。

|||||||||||||||||||||||||||||||||||||| 项目评价 ||||||||||||||||||||||||||||||||||||||

在本项目中，使用车削、放样、布尔、多边形等方法创建模型，通过对本项目内容的学习，完成表 3-1。

表 3-1　项目评价表

评价项目	等级			
	很满意	满意	还可以	不满意
任务完成情况				
与同组成员沟通及协调情况				
知识掌握情况				
体会与经验				

实战强化

1.使用"放样"命令制作一个窗帘，如图 3-153 所示。

提示：

（1）在顶视图中绘制一条光滑的曲线。

（2）在前视图中绘制一条直线。

（3）选择直线，执行"复合对象"→"放样"命令，单击"获取图形"按钮后，选择光滑曲线，制作窗帘主体。

（4）选中窗帘模型，在"变形"卷展栏中选择"缩放"命令，打开"缩放变形器"对话框，修改变形曲线。

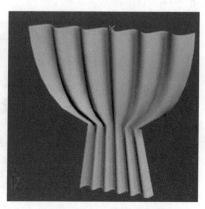

图 3-153　窗帘效果

2.利用"车削"命令制作花瓶，如图 3-154 所示。

提示：

（1）在前视图中绘制曲线，调整曲线光滑度。

（2）为曲线添加"车削"修改器，"度数"设置为 360°，勾选"焊接内核"复选框。

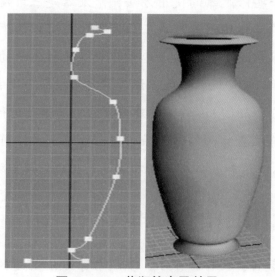

图 3-154　花瓶轮廓及效果

项目 4

材质与贴图

4

在 3ds Max 中，材质和贴图主要用于描述对象表面的物质形态，构造真实世界中自然物质表面的视觉效果。不同的材质和贴图能够给人们带来不同的视觉感受，因此它们是 3ds Max 中营造客观事物真实效果的有效手段之一。

例如，使用材质可以使苹果显示为红色，橘子显示为橙色；可以为铬合金添加光泽，为玻璃添加抛光。使用贴图可以将图像、图案或表面纹理添加到对象。

材质主要用来模拟物体的各种物理特性，它可以看成是材料和质感的结合，如玻璃、金属等。在渲染过程中，材质是模型表面各可视属性的结合，如色彩、纹理、光滑度等。正是有了这些属性，才使场景更加具有真实感。

贴图是一个物体的表面纹理，简单地说就是附着到材质上的图像，通常可把它想象成 3D 模型的"包装纸"。

任务1　标准材质——制作苹果

任务分析

3ds Max 主要是利用材质编辑器来创建、编辑和为模型指定材质的。读者可通过本任务，了解并掌握材质编辑器的使用方法，然后学习创建材质，为场景中的对象指定材质，以及保存材质的方法。

任务实施

苹果材质

1. 制作苹果模型

（1）启动 3ds Max 软件，在前视图中绘制一个圆形，右击圆形图案在弹出的快捷菜单中选择"转换为"→"可编辑样条线"命令，将圆形转换为可编辑样条线，如图 4-1 所示。

（a）

（b）

图 4-1　创建圆形并将其转换为可编辑样条线

（2）打开"修改"面板，在"可编辑样条线"下选择"线段"，选择圆形中的线段并按〈Delete〉键删除，如图4-2所示。

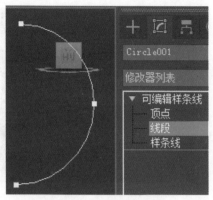

图4-2　删除线段

（3）选择"可编辑样条线"下的"顶点"，在下面的"几何体"卷展栏中单击"优化"命令，在半圆中单击添加两个顶点，用移动工具调整顶点位置，使其呈现苹果的切面效果。选择"可编辑样条线"，添加"车削"修改器，完成苹果模型制作，如图4-3所示。

 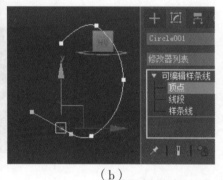 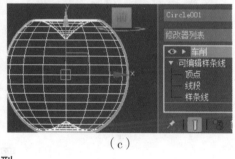

|（a）|　　（b）|　　（c）|

图4-3　制作苹果模型

2. 创建材质

创建材质就是为当前示例窗中的材质指定一种新的材质类型或指定一种创建好的材质，并利用材质编辑器下方的参数堆栈列表对材质进行参数设置，从而创建出需要的材质。

（1）选中苹果模型，执行"渲染"→"材质编辑器"→"精简材质编辑器"命令（或按〈M〉键），打开"材质编辑器"对话框，单击任意一个未使用的材质球，然后在下方的编辑框中将其命名为"苹果材质"，再单击材质编辑器工具栏中的"将材质指定给选定对象" 按钮，将默认材质指定给苹果模型，在"反射高光"选项区域中设置"高光级别"为20，"光泽度"为40，"柔化"为0.1，如图4-4（a）所示。

（2）选择材质类型。在"贴图"卷展栏中单击"漫反射颜色"后的贴图类型按钮，在弹出的"材质/贴图浏览器"对话框中选择"通用"下的"混合"材质，如图4-4（b）所示。

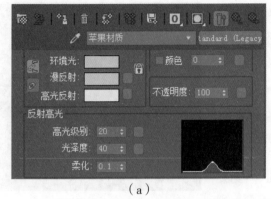 

（a）　　　　　　　　　　　　　（b）

图4-4　设置参数及选择材质

（a）设置参数；（b）选择材质

（3）设置混合参数。在打开的"混合"卷展栏中，在"混合参数"中设置"混合量"为25，单击"混合参数"下的"颜色 #1"后贴图按钮，在弹出的"材质/贴图浏览器"对话框中双击"泼溅"材质，打开"泼溅"卷展栏，在"泼溅参数"中，设置"大小"为1，单击"颜色 #2"后的颜色区，在颜色选择器中输入RGB（180，174，138）后单击"确定"按钮，如图4-5所示。

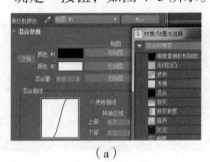 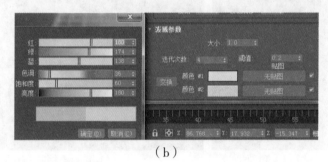

（a）　　　　　　　　　　　　　（b）

图4-5　选择贴图图像

（4）设置噪波参数

在"泼溅参数"中单击"颜色 #1"后的贴图按钮，添加"噪波"材质，在"噪波参数"中，设置"大小"为60，"颜色 #1"的颜色为RGB（231，52，115），"颜色 #2"的颜色为RGB（235，249，139），如图4-6所示。

（5）设置渐变参数

图4-6　设置噪波参数

单击两次"转到父对象" 按钮返回到"混合"卷展栏中，单击"颜色 #2"后的贴图按钮，选择"渐变"材质后单击"确定"按钮，在"坐标"卷展栏中勾选U、V后的"镜像"复选框。在"噪波"卷展栏中勾选"启用"复选框，"数量"设置为4.5，"级别"为9，"大小"为0.09。在"渐变参数"卷展栏中，修改"颜色 #1"的颜色为RGB（168，5，44），"颜色 #2"为RGB（219，179，17），"颜色 #3"的颜色为RGB（234，242，5），

设置"噪波"中"数量"为 0.9，"大小"为 0.01，如图 4-7 所示。

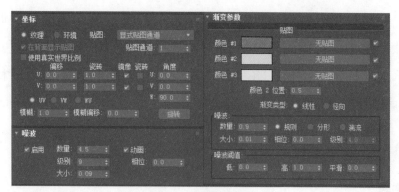

图 4-7　渐变参数

（6）设置贴图参数

单击"转到父对象" 按钮返回到"混合"卷展栏，将"混合量"修改为 25.0，再次单击"转到父对象"回到材质初始位置，在"贴图"卷展栏中拖曳"漫反射颜色"贴图到"高光颜色"贴图中，复制"漫反射颜色"贴图到"高光颜色"贴图中，同理将"漫反射颜色"贴图复制到"高光级别"贴图中，如图 4-8 所示。

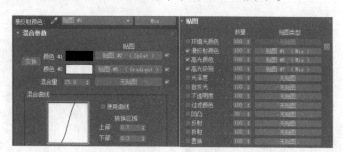

图 4-8　复制"漫反射颜色"材质

3. 渲染效果

将创建的苹果材质应用到苹果模型中，创建一个平面置于苹果下面，执行"渲染"菜单中的"渲染"命令并观察渲染效果，如图 4-9 所示。

图 4-9　苹果材质效果

4. 保存材质

保存材质就是将材质以材质库的形式保存起来，便于在其他场景中调用。选中前面创建好的材质球，单击"材质编辑器"横向工具栏中的"放入库"按钮，打开"放置到库"对话框，单击"确定"按钮，将苹果材质添加到当前场景所使用的材质库中。已经在场景中应用的材质球，其四角将出现三角形。

必备知识

1. 认识材质编辑器

材质编辑器提供创建和编辑材质以及贴图的功能。要打开材质编辑器，可单击工具栏上的"材质编辑器"按钮，或者按〈M〉键，或者执行"渲染"→"材质编辑器"命令。

材质编辑器由顶部的菜单栏、示例窗、工具栏和多个卷展栏（参数堆栈列表，其内容取决于活动的材质）组成。3ds Max 有两种显示模式，分别为精简材质编辑器和 Slate 材质编辑器，如图 4-10 所示。

（a）

（b）

图 4-10 材质编辑器

（1）示例窗。

示例窗又称为样本槽或材质球，主要用来选择材质和预览材质的调整效果。当右击活动示例窗时，会弹出一个快捷菜单，如图 4-11 所示。快捷菜单中各选项的意义如下。

拖动 / 复制：选中此选项后，可利用拖动方式将材质从一个示例窗拖到另一个示例窗，覆盖目标示例窗中的材质；或者将示例窗中的材质应用到场景中的对象上。

拖动 / 旋转：选中此选项后，在示例窗中进行拖动将会旋转采样对象。

重置旋转：将采样对象重置为它的默认方向。

渲染贴图：渲染当前贴图，创建位图或 AVI 文件。

选项：显示"材质编辑器"对话框。

放大：生成当前示例窗的放大视图。放大的示例显示在浮动的窗口中。

（2）工具栏。

材质编辑器有纵向和横向两个工具栏，这两个工具栏为用户提供了一些获取、分配和保存材质，以及控制示例窗外观的快捷工具按钮。示例窗下方和右侧各按钮的作用如下。

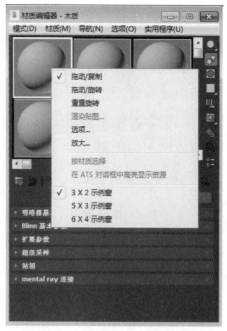

图4-11 示例窗的右键快捷菜单

"获取材质" ![按钮：单击该按钮，可以打开"材质/贴图浏览器"对话框，从中可以为活动的示例窗选择材质或贴图。

"将材质放入场景" ![按钮：在编辑好材质后，单击该按钮可更新已应用于对象的材质。

"将材质指定给选定对象" ![按钮：将活动示例窗中的材质应用于场景中选定的对象。

"重置贴图/材质为默认设置" ![按钮：将当前材质或贴图的参数恢复为系统默认。

"生成材质副本" ![按钮：在活动示例窗中创建当前材质的副本。

"使唯一" ![按钮：将实例化的材质设置为独立的材质。

"放入库" ![按钮：将当前材质添加到场景使用的材质库中。

"材质 ID 通道" ![按钮：为应用后期制作效果设置唯一的 ID 通道。

"在视口中显示贴图" ![：在视口的对象上显示 2D 材质贴图。

"显示最终结果" ![按钮：在实例图中显示材质及应用的所有层次。

"转到父对象" ![按钮：在当前材质中向上移动一个层级。

"转到下一个同级项" ![按钮：移动到当前材质中相同层级的下一个贴图或材质。

"采样类型" ![按钮：选择示例窗中显示的对象类型，默认为球体类型，或者圆柱体和立方体类型。

"背光" ![按钮：打开或关闭活动示例窗中的背景灯光。

"背景" ![按钮：将多颜色的方格背景添加到活动示例窗中。如果要查看不透明度和透明度的效果，可以选择该图案背景。

"采样 UV 平铺" ![按钮：为活动示例窗中的贴图设置 UV 平铺显示。

"视频颜色检查" ![按钮：检查示例窗中的材质颜色是否超过安全 NTSC 或 PAL 阈值。

"生成预览、播放预览、保存预览" ![按钮：使用动画贴图向场景添加运动。

"材质编辑器选项" ![按钮：控制如何在示例窗中显示材质和贴图。

按材质选择：基于"材质编辑器"中的活动材质选择对象。

材质/贴图导航器：单击该按钮打开"材质/贴图导航器"对话框，该对话框列出了当前材质的子材质树和使用的贴图，单击子材质或贴图，在"材质编辑器"的参数堆栈列表中就会显示出该子材质或贴图的参数。

（3）参数堆栈列表。该区中列出了当前材质或贴图的参数，调整这些参数即可调整材质或贴图的效果。

2. 材质与贴图概述

常用材质有以下几种。

1）标准材质

标准材质是 3ds Max 中默认且使用最多的材质，它可以提供均匀的表面颜色效果，还可以模拟发光和半透明等效果，常用来模拟玻璃、金属、陶瓷、毛发等材料。

下面介绍标准材质中常用的参数。

（1）"明暗器基本参数"卷展栏。该卷展栏中的参数主要用于设置材质使用的明暗器和渲染方式，如图 4-12 所示。

"明暗器基本参数"卷展栏各参数的作用如下。

图 4-12　"明暗器基本参数"卷展栏

明暗器下拉列表框：单击该下拉按钮，在弹出的下拉列表框中选择相应的明暗器，即可更改材质使用的明暗器，各明暗器的高光效果如图 4-13 所示。

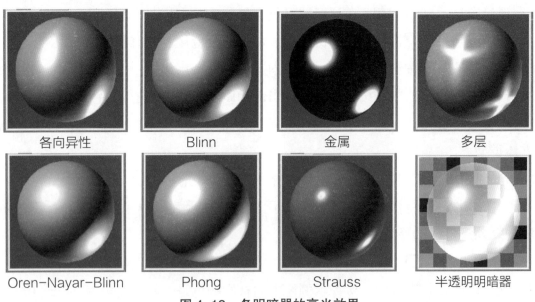

图 4-13　各明暗器的高光效果

线框/双面/面贴图/面状：这 4 个复选框用于设置材质的渲染方式。"线框"表示以线框方式渲染对象;"双面"表示为对象表面的正反面均应用材质;"面贴图"表示为对象中每个面均分配一个贴图图像;"面状"表示将对象的各个面以平面方式渲染,不进行相邻面的平滑处理,不同渲染方式下茶壶的渲染效果如图4-14所示。

"线框"渲染方式　　　"双面"渲染方式　　　"面贴图"渲染方式　　　"面状"渲染方式

图 4-14　不同渲染方式下茶壶的渲染效果

(2)"半透明基本参数"卷展栏。该卷展栏中的参数用于设置材质中各种光线的颜色和强度,不同的明暗器具有不同的参数,如图4-15所示。

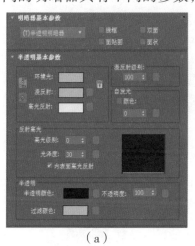

(a)　　　　　　　　　　　　(b)

图 4-15　半透明明暗器和 Blinn 明暗器的基本参数

"半透明基本参数"卷展栏各参数的作用如下。

环境光 / 高光反射 / 漫反射:设置对象表面阴影区、高光反射区（即物体被灯光照射时的高亮区）和漫反射区（即阴影区与高光反射区之间的过渡区,该区中的颜色是用户观察到的物体表面的颜色）的颜色,如图4-16所示。

图 4-16　各颜色在物体中对应的区域

自发光:设置物体的自发光强度。勾选"颜色"复选框,该区中的编辑框将变为颜色框,此时可利用该颜色框设置物体的自发光颜色。

不透明度:设置物体的不透明程度。

高光级别:设置物体被灯光照射时,表面高光反射区的亮度。

光泽度:设置物体被灯光照射时,表面高光反射区的大小。

过滤颜色:设置透明对象的过滤颜色（即穿过透明对象的光线的颜色）。

（3）"扩展参数"卷展栏。该卷展栏中的参数用于设置材质的高级透明效果，渲染时对象中网格线框的大小，以及物体阴影区反射贴图的暗淡效果，如图4-17所示。

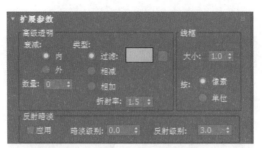

图4-17　"扩展参数"卷展栏

"扩展参数"卷展栏各参数具体作用如下。

衰减：该区域中的参数用于设置材质的不透明衰减方式和衰减结束位置材质的透明度，如图4-18所示。

（a）　　　　　　（b）

图4-18　不同衰减方向材质的透明效果

类型：该区域中的参数用于设置材质的透明过滤方式和折射率，如图4-19所示。

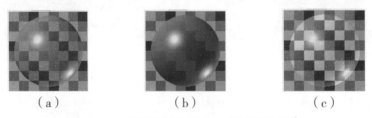

（a）　　　　　（b）　　　　　（c）

图4-19　不同透明过滤方式材质的效果

反射暗淡：该选项区域中的参数用于设置物体各区域反射贴图的强度，其中，"暗淡级别"微调框用于设置物体阴影区反射贴图的强度；"反射级别"微调框用于设置物体非阴影区反射贴图的强度。调整暗淡级别时阴影区反射贴图的效果如图4-20所示。

（a）　　　　　　（b）

图4-20　调整暗淡级别时阴影区反射贴图的效果

折射率：设置折射贴图和光线跟踪所使用的折射率（IOR）。折射率用来控制材质对透射灯光的折射程度。例如，1.0为空气的折射率，表示透明对象后的对象不会产生扭曲；

折射率为 1.5，后面的对象就会发生严重扭曲，就像玻璃球一样；对于略低于 1.0 的折射率，对象沿其边缘反射，如从水面下看到的气泡。

图 4-21　"贴图"卷展栏

（4）"贴图"卷展栏。该卷展栏为用户提供了多个贴图通道，使用这些贴图通道可以为材质添加贴图，如图 4-21 所示。

过滤色：可以为该通道指定贴图控制透明物体各部分的过滤色，常为该通道指定贴图来模拟彩色雕花玻璃的过滤色，如图 4-22 所示。

凹凸：可以为该通道指定贴图控制物体表面各部分的凹凸程度，产生类似于浮雕的效果，如图 4-23 所示。

图 4-22　"过滤色"通道的贴图效果

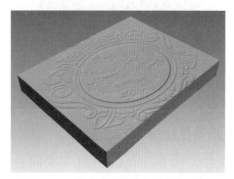

图 4-23　"凹凸"通道的贴图效果

反射 / 折射：可以为这两个通道指定贴图分别模拟物体表面的反射效果和透明物体的折射效果。"反射"和"折射"通道的贴图效果如图 4-24 和图 4-25 所示。

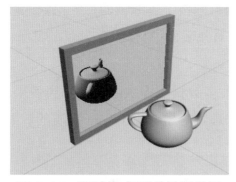

图 4-24　"反射"通道的贴图效果

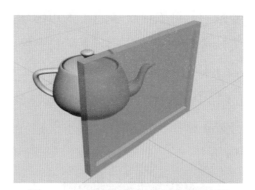

图 4-25　"折射"通道的贴图效果

（5）"超级采样"卷展栏。

"启用局部超级采样器"复选框，勾选该复选框后，对所有的材质应用相同的超级采样器。取消勾选该复选框后，将材质设置为使用全局设置，该全局设置由"渲染"对话框中的设置控制，如图 4-26 所示。

图 4-26　"超级采样"卷展栏

2）光线跟踪材质

光线跟踪材质是一种比标准材质更高级的材质，它不仅具有标准材质的所有特性，还可以创建真实的反射和折射效果，并且支持雾、颜色密度、半透明、荧光等特殊效果，主要用于制作玻璃、液体和金属材质。使用光线跟踪材质的渲染效果如图4-27所示。

3）复合材质

标准材质和光线跟踪材质只能体现出物体表面单一材质的效果和光学性质，但真实场景中的色彩更复杂，仅使用单一的材质很难模拟出物体的真实效果。因此，3ds Max为用户提供了另一类型的材质——复合材质。3ds Max中常用的复合材质为双面材质，该材质包括正面材质（分配给物体的外表面）和背面材质（分配给物体的内表面），其参数如图4-28所示。

图4-27　使用光线跟踪材质的渲染效果

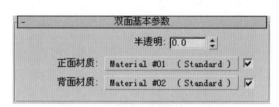

图4-28　双面材质的参数

4）混合材质

混合材质是根据混合量（或混合曲线）将两个子材质混合在一起后分配到物体表面（也可以指定一个遮罩贴图，此时系统将根据贴图的灰度决定两个材质的混合程度），其参数如图4-29所示。

5）多维/子对象材质

多维/子对象材质多用于为可编辑多边形、可编辑网格、可编辑面片等对象的表面分配材质，分配时，材质ID为N的子材质只能分配给对象表面中材质ID为N的部分。

6）Ink'n Paint材质

Ink'n Paint材质常用来创建卡通效果，与其他大多数材质提供的三维真实效果不同，Ink'n Paint材质提供带有"墨水"边界的平面明暗处理。应用Ink'n Paint材质的效果如图4-30所示。

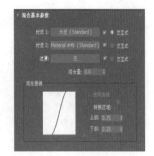

图4-29　混合材质的参数

图4-30　应用Ink'n Paint材质的效果

Ink'n Paint 材质有"绘制控制""墨水"等卷展栏，如图 4-31 所示。

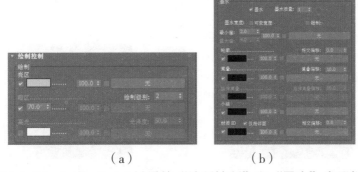

（a）　　　　　　（b）

图 4-31　Ink'n Paint 材质的"绘制控制"和"墨水"卷展栏

常用选项的作用如下。

亮区：为对象中亮的一面的填充颜色。默认设置为淡蓝色。

暗区：右侧编辑框中的值为显示在对象非亮面的亮色的百分比。

高光：反射高光的颜色。

墨水：选中该复选框时，会对渲染施墨。

墨水质量：影响画刷的形状及其使用的示例数量。

墨水宽度：以像素为单位。

可变宽度：选中该复选框后，"墨水宽度"可以在最大值和最小值之间变化。使用了"可变宽度"的墨水比使用固定宽度的墨水看起来更加流线化。

轮廓：设置对象外边缘处（相对于背景）或其他对象前面的墨水。

重叠：设置当对象的某部分自身重叠时所使用的墨水。

延伸重叠：与重叠相似，但将墨水应用到较远的曲面而不是较近的曲面。

3. 贴图类型

（1）位图贴图：位图属于二维图像，只能贴附于模型表面，没有深度，主要用于模拟物体表面的纹理图案，或者作为场景的背景贴图、环境贴图。它可以使用位图图像或 AVI、MOV 等格式的动画作为模型的表面贴图，如图 4-32 所示。

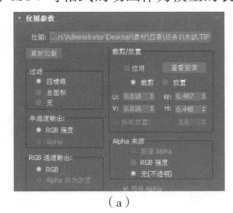

（a）　　　　　　　　　　（b）

图 4-32　位图参数及裁剪 / 放置位图贴图图像

（2）渐变贴图：该贴图用于产生 3 个颜色间线性或径向的渐变效果；渐变坡度贴图类似于渐变贴图，它可以产生多种颜色间的渐变效果，且渐变类型更多，如图 4-33 和图 4-34 所示。

（a）

（b）

图 4-33　渐变贴图的参数和效果

（a）

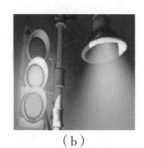

（b）

图 4-34　渐变坡度贴图的参数和效果

（3）棋盘格贴图：该贴图会产生两种颜色交错的方格图案，常用于模拟地板、棋盘等物体的表面纹理，如图 4-35 所示。

（4）平铺贴图：该贴图又称为瓷砖贴图，常用来模拟地板、墙砖、瓦片等物体的表面纹理，如图 4-36 所示。

图 4-35　棋盘格贴图

图 4-36　平铺贴图

（5）旋涡贴图：该贴图通过对两种颜色（基本色和旋涡色）进行旋转交织，产生旋涡或波浪效果，如图 4-37 所示。

（6）细胞贴图：该贴图可以生成各种细胞效果的图案，常用于模拟铺满马赛克的墙壁、鹅卵石的表面和海洋的表面等，如图 4-38 所示。

（7）凹痕贴图：该贴图可以在对象表面产生随机的凹陷效果，常用于模拟对象表面的风化和腐蚀效果，如图 4-39所示。

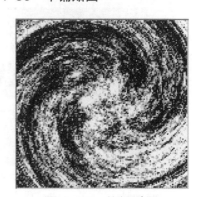

图 4-37　旋涡贴图

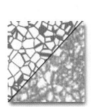

图 4-38　细胞贴图　　　　　　　　　　　　　图 4-39　凹痕贴图

（8）大理石贴图：该贴图可以生成带有随机色彩的大理石效果，常用于模拟大理石地板的纹理或木纹纹理，如图 4-40 所示。

（9）烟雾贴图：该贴图可以创建随机的、不规则的丝状、雾状或絮状的纹理图案，常用于模拟烟雾或其他云雾状流动的图案效果，如图 4-41 所示。

图 4-40　大理石贴图　　　　　　　　　　　　图 4-41　烟雾贴图

（10）灰泥贴图：该贴图可以创建随机的表面图案，主要用于模拟墙面粉刷后的凹凸效果，如图 4-42 所示。

（11）木材贴图：该贴图是对两种颜色进行处理产生木材的纹理效果，并可控制纹理的方向、粗细和复杂度，如图 4-43 所示。

图 4-42　灰泥贴图　　　　　　　　　　　　　图 4-43　木材贴图

（12）RGB 倍增贴图：该贴图通过对两种颜色或两个贴图进行相乘，增加贴图图像的对比度，其参数如图 4-44 所示。

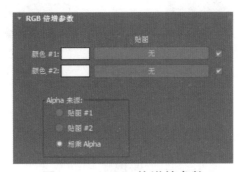

图 4-44　RGB 倍增的参数

（13）合成贴图：该贴图是将多个贴图组合在一起，使用贴图自身的 Alpha 通道，彼此覆盖，从而决定彼此间的透明度。

（14）混合贴图：该贴图类似于混合材质，它是将两种颜色或两个贴图根据指定的贴图图像或混合曲线混合在一起，如图 4-45 所示。

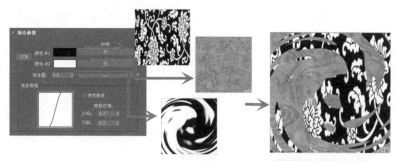

图 4-45　混合贴图的参数和效果

（15）颜色修改器贴图：该贴图好比一个简单的图像处理软件，可以调整指定贴图图像的颜色。

颜色修改器贴图包含 RGB 染色、顶点颜色和输出 3 种贴图。其中，RGB 染色贴图是通过调整贴图图像中 3 种颜色通道的值来改变图像的颜色或色调的；为对象添加顶点颜色贴图后可以通过"顶点绘制"修改器、"顶点属性"卷展栏等设置可编辑多边形、可编辑网格等对象中"顶点"子对象的颜色。

（16）薄壁折射贴图：该贴图只能用于折射贴图通道，以模拟透明或半透明物体的折射效果。

（17）反射 / 折射贴图：使用的通道不同，该贴图的效果也不相同，作为反射通道的贴图时模拟物体的反射效果，作为折射通道的贴图时模拟物体的折射效果，如图 4-46 和图 4-47 所示。

图 4-46　玻璃的折射效果

图 4-47　玻璃的反射效果

（18）光线跟踪贴图：该贴图与光线跟踪材质类似，可以为物体提供完全的反射和折射效果，但渲染的时间较长，使用时通常将贴图通道的数量设置为较小的值。

（19）平面镜贴图：此贴图只能用于反射贴图通道，以产生类似镜子的反射效果，图 4-47 所示是为玻璃的反射贴图通道添加平面镜贴图的效果。

（20）每像素摄影机贴图：该贴图方式是将渲染后的图像作为物体的纹理贴图，以当前摄影机的方向贴在物体上，主要用作 2D 无光贴图的辅助贴图。

任务拓展

制作美丽牵牛花

【步骤1】打开"牵牛花 .max"模型，按〈M〉键打开"材质编辑器"对话框，选择一个材质球，输入材质名称"牵牛花材质"，设置"高光级别"为 34，"光泽度"为 10，在"贴图"卷展栏中，单击"漫反射颜色"贴图按钮，添加渐变贴图材质，如图 4-48 所示。

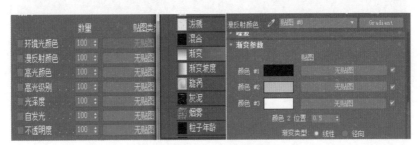

图 4-48 添加渐变贴图

【步骤2】修改"颜色 #2"为白色（RGB：255，255，255），"颜色 #3"为绿色（RGB：0，255，0），如图 4-49 所示。

【步骤3】单击"颜色 #1"后的贴图按钮，添加"渐变"材质，在"渐变参数"中设置渐变颜色："颜色 #1"为 RGB（255，0，255），"颜色 #2"为 RGB（255，0，0），"颜色 #3"为 RGB（255，0，255），"渐变类型"为径向，在"坐标"卷展栏中勾选"瓷砖"，设置瓷砖"W"为 4，"U"为 4，选择"WU"，单击"转到父对象"按钮返回上一级。将材质指定给花朵模型，如图 4-50 所示。

图 4-49 渐变颜色设置

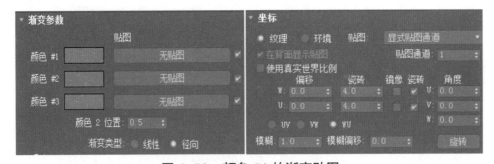

图 4-50 颜色 #1 的渐变贴图

【步骤4】再选择一个材质球，命名为"花藤"，设置"漫反射颜色"和"环境光颜色"均为 RGB（64，245，8），"高光级别"为 35，"光泽度"25，将材质指定给花藤模型。

【步骤5】在花藤旁边创建两个平面模型，再选择一个材质球，命名为"叶子材质"，设置"高光级别"为35,"光泽度"为25,在"贴图"卷展栏中,单击"漫反射颜色"后的贴图按钮,添加"位图"材质,选择素材中的"叶子1.jpg","坐标"卷展栏中的"W"为修改180。为"不透明度"添加位图"叶子2.jpg",将材质指定给平面模型,如图4-51所示。

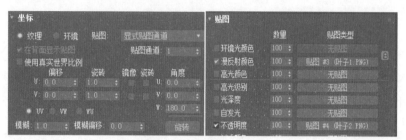

图4-51 叶子贴图

【步骤6】再选择一个材质球,命名为"花蕊",设置"高光级别"为0,"光泽度"为10,为"漫反射颜色"添加"渐变"贴图材质,设置"渐变参数"卷展栏中的"颜色 #1"为 RGB(186,165,27),"颜色 #2"为 RGB(237,237,237),"颜色 #3"为 RGB(255,255,255),将材质指定给花蕊模型。渲染模型观察效果,如图4-52所示。

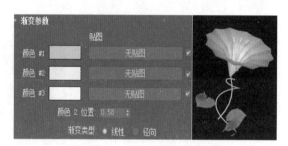

图4-52 参数和最终效果

任务2   光线跟踪材质——制作灯泡

任务分析

光线跟踪材质可以真实地模拟光的某些物理性质,光线跟踪常用来表现透明物体的物理特性。它支持漫反射表面着色、颜色密度、半透明、荧光等效果。与反射/折射贴图相比,使用光线跟踪材质生成的反射和折射效果更精确,但是渲染光线跟踪对象会更慢。

首先通过创建曲线,并对曲线进行轮廓处理和车削处理创建灯泡模型;其次为灯泡罩和灯芯玻璃调制光线跟踪材质,为灯泡底部、底部螺旋线和桌面调制标准材质;最后对灯泡进行渲染。

任务实施

1. 灯泡建模

（1）绘制灯泡罩。

在前视图中绘制一条开放曲线，并将其命名为"灯泡罩"，如图4-53所示。在"修改"面板的修改器堆栈中将"灯泡罩"的修改对象设置为"样条线"子对象，然后框选视图中的样条线，在"几何体"卷展栏中"轮廓"按钮右侧的文本框中输入"-2"，并按〈Enter〉键，如图4-54所示。

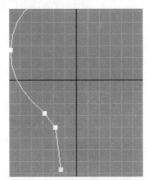
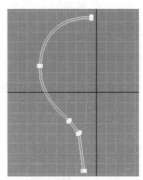

图4-53　绘制开放曲线　　　　图4-54　对"灯泡罩"进行轮廓处理

（2）车削完成灯泡罩模型。

为"灯泡罩"添加"车削"修改器，然后在"参数"卷展栏中设置其参数，如图4-55所示。

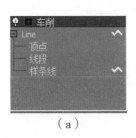

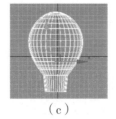

（a）　　　　　　　　（b）　　　　　　　　（c）

图4-55　为"灯泡罩"添加"车削"修改器

（3）创建底座。

在前视图中绘制一条开放曲线，并将其命名为"底座"，如图4-56所示。将"底座"的修改对象设置为"样条线"子对象，然后对其进行轮廓处理，并将"轮廓量"设置为-2。为"底座"添加"车削"修改器，并在"参数"卷展栏中设置其参数，如图4-57所示。

制作灯泡材质

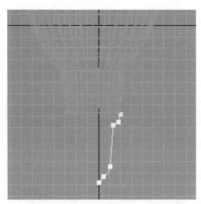

图 4-56   绘制开放曲线

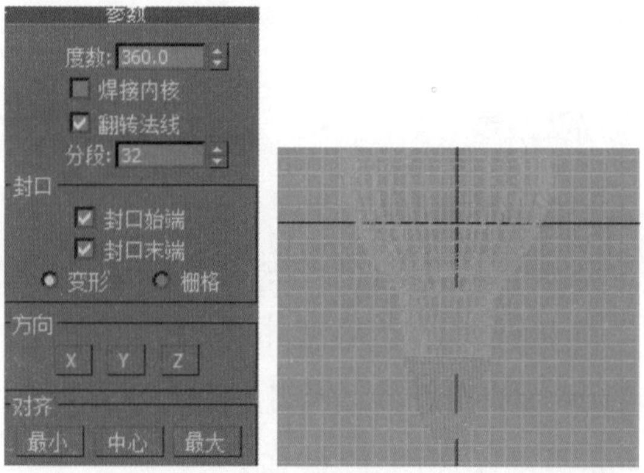

图 4-57   为"底座"添加"车削"修改器

（4）创建螺旋线。

在顶视图中创建一条螺旋线，并在"参数"卷展栏中设置其参数，在前视图中调整其位置，如图 4-58 所示。在"渲染"卷展栏中勾选"在渲染中启用"和"在视口中启用"复选框，并将"厚度"设置为"4.0"，如图 4-59 所示。

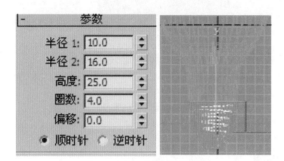

图 4-58   创建螺旋线

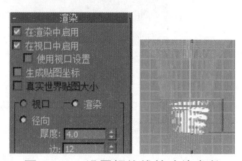

图 4-59   设置螺旋线的渲染参数

（5）创建灯芯。

在前视图中绘制一条开放曲线，并将其命名为"玻璃灯芯"，如图 4-60 所示。然后为其添加"车削"修改器，并在"参数"卷展栏中设置其参数，在视图中调整"玻璃灯芯"的位置，如图 4-61 所示。

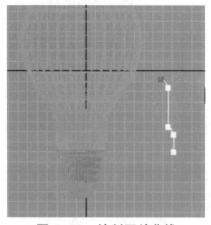

图 4-60   绘制开放曲线

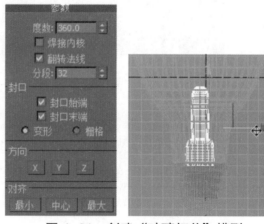

图 4-61   创建"玻璃灯芯"模型

（6）创建钨丝。

在前视图中绘制一条开放曲线，并将其命名为"钨丝"，然后在"渲染"卷展栏中勾选"在渲染中启用"和"在视口中启用"复选框，并将"厚度"设置为1.0，如图4-62所示。在视图中将"钨丝"复制3次，并调整其角度和位置，如图4-63所示。

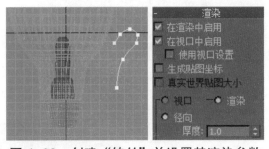
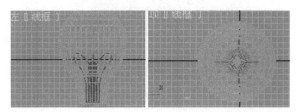

图4-62　创建"钨丝"并设置其渲染参数　　　图4-63　复制"钨丝"并调整其角度和位置

2. 制作材质

（1）调制"灯罩材质"。

按〈M〉键打开材质编辑器，然后选择一个未使用的材质球，将其命名为"灯罩材质"，单击"Standard"按钮，在打开的"材质/贴图浏览器"对话框中双击"光线跟踪"选项，再在"光线跟踪基本参数"卷展栏中设置材质参数，如图4-64所示。选中"灯泡罩"模型，然后单击□按钮，为"灯泡罩"模型添加材质。

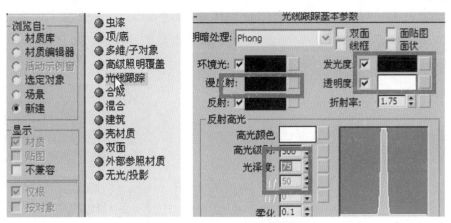

图4-64　调制"灯罩材质"

（2）调制"灯芯"材质。

在材质编辑器中选择一个未使用的材质球，并命名为"灯芯材质"，然后将材质类型设置为"光线跟踪"，在"光线跟踪基本参数"卷展栏中设置材质参数，如图4-65所示。选中"玻璃灯芯"和"钨丝"模型，单击□按钮，为其添加材质，如图4-66所示。

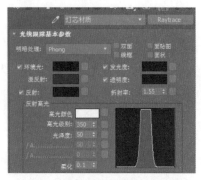

图4-65　调制"灯芯材质"

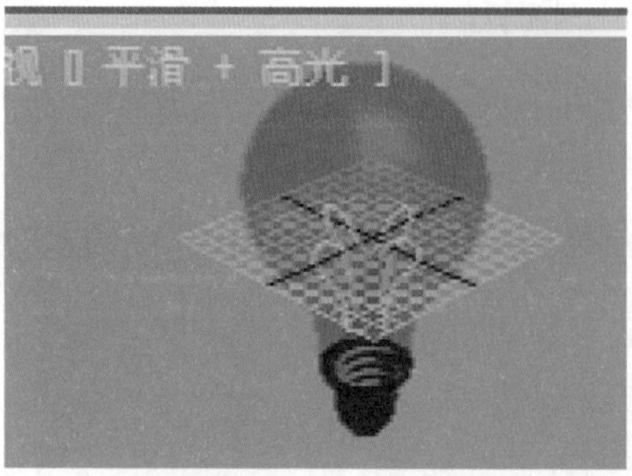

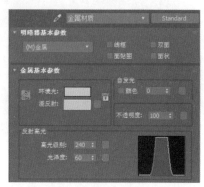

图4-66　为"玻璃灯芯"和"钨丝"添加材质效果

（3）调制"底座"材质。

选择一个未使用的材质球，命名为"金属材质"，然后在"明暗器基本参数"卷展栏中将类型设置为"金属"，在"金属基本参数"卷展栏中设置材质参数，如图4-67所示。单击"按名称选择" 按钮，选中视图中的"底座"和"螺旋线"，然后单击 按钮，为其添加材质。

（4）创建桌面及材质。

在顶视图中创建一个平面，并将其命名为"桌面"，然后调整灯泡的角度和位置，如图4-68所示。选择一个未使用的材质球，命名为"桌面材质"，然后在"Blinn基本参数"卷展栏中设置材质参数，并将"漫反射"通道的贴图指定为配套素材"WW-108.jpg"图像文件，如图4-69所示。选中"桌面"模型，单击 按钮，为其添加材质。

图4-67　调制"金属材质"

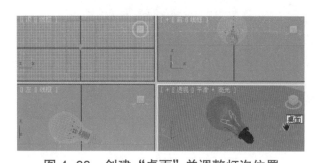

图4-68　创建"桌面"并调整灯泡位置

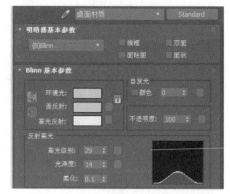

图4-69　调制"桌面材质"

3. 渲染

选择"渲染"→"渲染"命令，或者按〈F9〉键进行渲染，其效果如图4-70所示。

必备知识

光线跟踪材质是一种比标准材质更高级的材质，它不仅具有

图4-70　渲染效果

标准材质的所有特性，还可以创建真实的反射和折射效果，并且支持雾、颜色密度、半透明、荧光等特殊效果，主要用于制作玻璃、液体和金属材质。下面将介绍光线跟踪材质的参数。

1. "光线跟踪基本参数"卷展栏

光线跟踪材质的基本参数与标准材质的基本参数类似，可以设置其环境光、漫反射光、反射高光等，如图4-71所示。

2. "扩展参数"卷展栏

"扩展参数"卷展栏主要用于调整光线跟踪材质的特殊效果、透明度属性和高级反射率等，如图4-72所示。

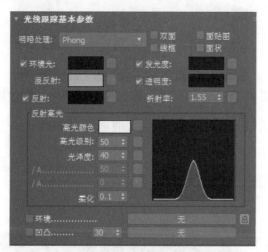

图4-71　"光线跟踪基本参数"卷展栏

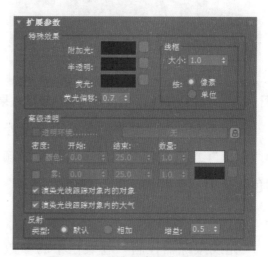

图4-72　"扩展参数"卷展栏

"扩展参数"卷展栏各参数作用如下。

（1）附加光：类似于环境光，用于模拟其他物体映射到当前物体的光线。例如，可使用该功能模拟强光下白色塑料球表面映射旁边墙壁颜色的效果。

（2）半透明：设置材质的半透明颜色，常用来制作薄物体的透明色或模拟透明物体内部的雾状效果。例如，使用该功能制作的蜡烛，如图4-73所示。

（3）荧光：设置材质的荧光颜色，下方的"荧光偏移"微调框用于控制荧光的亮度（1.0表示最亮，0.0表示无荧光效果）。需要注意的是，使用

图4-73　使用"半透明"功能制作的蜡烛

"荧光"功能时，无论场景中的灯光是什么颜色，分配该材质的物体只能发出类似黑色灯光下荧光的颜色。

（4）透明环境：类似于环境贴图，勾选该复选框时，透明对象的阴影区将显示出该参

数指定的贴图图像，同时透明对象仍然可以反射场景的环境或"基本参数"卷展栏指定的"环境"贴图（右侧的"锁定"按钮用于控制该参数是否可用）。

（5）密度：该参数区中，"颜色"多用于创建彩色玻璃效果，如图4-74所示；"雾"多用于创建透明对象内部的雾效果，如图4-75所示。"开始"和"结束"微调框用于控制颜色和雾的开始、结束位置，"数量"微调框用于控制颜色的深度和雾的浓度。

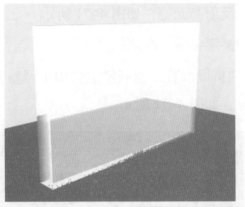

图4-74 使用"颜色"密度模拟彩色玻璃效果   图4-75 使用"雾"密度模拟玻璃内的雾效果

（6）反射：该区域中的参数用于设置具有反射特性的材质中漫反射区显示的颜色。选中"默认"单选按钮时，显示的是反射颜色；选中"相加"单选按钮时，显示的是漫反射颜色和反射颜色相加后的新颜色；"增益"微调框用于控制反射颜色的亮度。

3. "光线跟踪器控制"卷展栏

"光线跟踪器控制"卷展栏中的参数主要用于设置光线跟踪材质自身的操作，以调整渲染的质量和渲染速度，如图4-76所示。

"光线跟踪器控制"卷展栏各参数作用如下。

（1）启用光线跟踪：启用或禁用光线跟踪。禁用光线跟踪时，光线跟踪材质和光线跟踪贴图仍会反射/折射场景和光线跟踪材质的环境贴图。

（2）启用自反射/折射：启用或禁用对象的自反射/折射。默认为启用，此时对象可反射/折射自身的某部分表面，如茶壶的壶体反射壶把。

图4-76 "光线跟踪器控制"卷展栏

（3）光线跟踪大气：控制是否进行大气效果的光线跟踪计算（默认为启用）。

（4）反射/折射材质ID：控制是否反射/折射应用到材质中的渲染特效。例如，为灯泡的材质指定光晕特效，旁边的镜子使用光线跟踪材质模拟反射效果；选中此复选框时，在渲染图像中，灯泡和镜子中的灯泡均有光晕；否则，镜子中的灯泡无光晕。

（5）启用光线跟踪器：该选项区域中的参数用于设置是否光线跟踪对象的反射/折射

光线。

（6）局部排除：单击此按钮将打开"排除 / 包含"对话框，使用该对话框可排除场景中不进行光线跟踪计算的对象，如图 4-77 所示。

（7）凹凸贴图效果：设置凸凹贴图反射和折射光线的光线跟踪程度，默认为 1.0。数值为 0 时，不进行凸凹贴图反射和折射光线的光线跟踪计算。

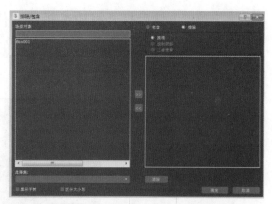

图 4-77 "排除 / 包含"对话框

（8）衰减末端距离：该选项区域中的参数用于设置反射和折射光线衰减为黑色的距离。

（9）全局禁用光线抗锯齿：该选项区域中的参数用于光线抗锯齿处理的设置，只有勾选"渲染"对话框"光线跟踪器"选项卡"全局光线抗锯齿器"选项区域中的"启用"复选框时，该选项区域中的参数才可用。

应注意光线跟踪材质各参数的作用，特别应注意"透明度"和"折射率"选项。前者决定了添加材质的对象的透明度，后者决定了该对象的折射率。不同物体有不同的折射率。例如，水的折射率约为 1.333，酒精的折射率约为 1.329，只有正确设置折射率参数，才能使渲染效果更加逼真。常用材质的折射率如表 4-1 所示。

表 4-1 常用材质的折射率

材质	折射率	材质	折射率
空气	1.000 3	液体二氧化碳	1.200
冰	1.309	水	1.333
酒精	1.329	玻璃	1.500
翡翠	1.570	红宝石 / 蓝宝石	1.770
钻石	2.417	水晶	2.000

任务拓展

为酒杯添加材质

【步骤 1】利用"车削"修改器制作酒杯和酒模型，如图 4-78 所示。

红酒材质

图 4-78 制作酒杯

【步骤2】然后打开材质编辑器，任选一个未使用的材质球分配给酒杯模型，并命名为"酒杯"；单击"Standard"按钮，在打开的"材质/贴图浏览器"对话框中更改材质的类型为"光线跟踪"，如图4-79所示。

图4-79　创建酒杯材质

【步骤3】在"光线跟踪基本参数"卷展栏中调整酒杯材质的基本参数，"高光级别"为163，"光泽度"为52，"透明度"为95，"折射率"为1.6，完成酒杯材质的创建，如图4-80所示。

【步骤4】任选一个未使用的材质球分配给红酒模型，并命名为"红酒"，然后更改材质的类型为"光线跟踪"，设置"漫反射"和"透明度"颜色为深红色RGB（12，0，0），并调整材质的基本参数，"高光级别"为137，"光泽度"为45，"折射率"为1.36，如图4-81所示。

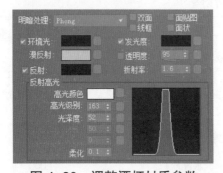

图4-80　调整酒杯材质参数

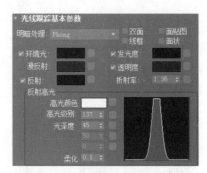

图4-81　调整红酒材质参数

【步骤5】打开红酒材质的"扩展参数"卷展栏，设置其扩展参数，完成红酒材质的创建。按〈F9〉键进行快速渲染，即可查看分配材质后酒杯和红酒的效果，如图4-82所示。

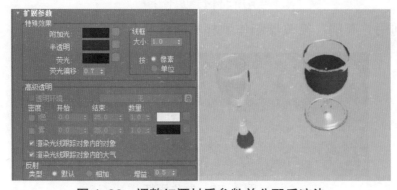

图4-82　调整红酒材质参数并分配后渲染

任务3　多维/子对象材质——制作骰子

任务分析

多维/子对象材质多用于为可编辑多边形、可编辑网格、可编辑面片等对象的表面分配材质。分配时，材质 ID 为 N 的子材质只能分配给对象表面中材质 ID 为 N 的部分。制作骰子主要应用多维/子对象材质和凹凸贴图。

首先使用多边形建模法创建骰子的基本模型，其次分别为骰子的 6 个面分配材质 ID，然后在材质编辑器中调制多维/子对象材质，最后将材质赋予骰子。

任务实施

1. 创建骰子

制作骰子

（1）创建骰子模型。

在顶视图中创建一个长方体，并将其命名为"骰子"，然后在"参数"卷展栏中设置其参数，如图 4-83 所示。

（2）制作切角。

将骰子转换为可编辑多边形，然后将修改对象设置为"顶点"，在顶视图和底视图中选中骰子 8 个角上的顶点，单击"编辑顶点"卷展栏中"切角"按钮右侧的"设置"按钮，在打开的"切角顶点"对话框中将"切角量"设置为 4，再单击"确定"按钮，如图 4-84 所示。

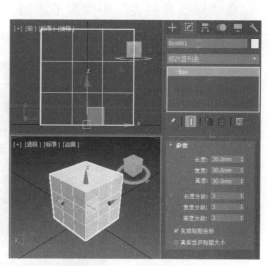

图 4-83　创建长方体

图 4-84　对顶点进行切角处理

（3）制作切边。

修改对象设置为"边"子对象，然后在顶视图中选中骰子上方的边线，单击"编辑边"卷展栏中"切角"按钮右侧的"设置"按钮，在打开的"切角边"对话框中将"切角量"设为1，单击"确定"按钮，如图4-85所示；将顶视图转换为底视图，然后按照上面的操作，对骰子底部边线进行切角处理。

图4-85 对骰子顶部边线进行切角处理

（4）添加修改器。

在"修改器列表"中为骰子添加"网格平滑"修改器，然后在"参数"卷展栏中设置其参数，如图4-86所示。至此模型创建完成。

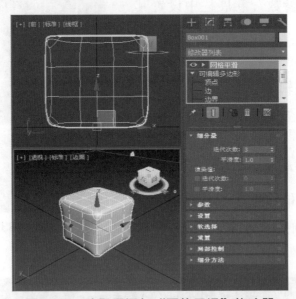

图4-86 为骰子添加"网络平滑"修改器

2. 分配模型面 ID 号

（1）分配全部面 ID 号。

在修改器堆栈中选择"可编辑多边形"修改器的"多边形"子对象，并按〈Ctrl+A〉组合键，选中全部的面，在"修改"面板"多边形：材质 ID"卷展栏中的"设置 ID"微调框中输入"7"，将全部面的材质 ID 设置为7，如图4-87所示。

（2）分配顶面多边形 ID 号。

在顶视图中选中顶面和切角的多边形，然后在"多边形：材质 ID"卷展栏中的"设置 ID"微调框中输入"1"，如图 4-88 所示。

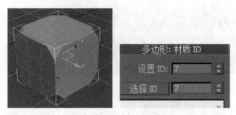 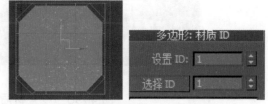

图 4-87　将全部面的材质 ID 设置为 7　　　图 4-88　设置顶面多边形的材质 ID 号

（3）分配各视图中 ID 号。

按照步骤（2）将前视图中多边形的材质 ID 设置为 2，将左视图中多边形的材质 ID 设置为 3，将后视图中多边形的材质 ID 设置为 4，将右视图中多边形的材质 ID 设置为 5，将底视图中多边形的材质 ID 设置为 6。

3. 调制材质

（1）将材质类型设置为"多维 / 子对象"。

按〈M〉键打开材质编辑器，选择一个未使用的材质球，单击"Standard"按钮，在打开的"材质 / 贴图浏览器"对话框中双击"多维 / 子对象"，如图 4-89 所示。在弹出的"替换材质"对话框中选中"丢弃旧材质"单选按钮，并单击"确定"按钮。

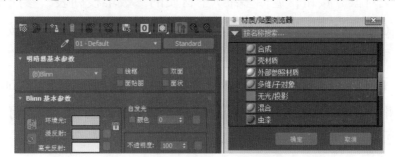

图 4-89　将材质类型设置为"多维 / 子对象"

（2）设置材质数量。

在"多维 / 子对象基本参数"卷展栏中，单击▦按钮，重置贴图 / 材质为默认值。单击"设置数量"按钮，在打开的"设置材质数量"对话框中设置为 7，然后单击"确定"按钮，如图 4-90（a）所示。

（3）设置第 1 个子材质的参数。

单击第 1 个子材质的"材质"按钮，打开其参数堆栈列表，将"高光级别"设置为 107，"光泽度"设置为 55，如图 4-90（b）所示。

单击"贴图"卷展栏"漫反射颜色"通道右侧的按钮，在打开的"材质 / 贴图浏览器"对话框中双击"位图"选项，然后在打开的"选择位图图像文件"对话框中选中配套素材"1.jpg"图像文件。

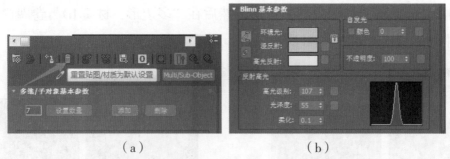

（a）　　　　　　　　　　（b）

图 4-90　设置材质数量及第 1 个子材质参数

（4）为"凹凸"通道指定贴图。

单击材质编辑器工具栏中的"转到父对象"按钮，返回第 1 个子材质的参数堆栈列表，单击"贴图"卷展栏中"凹凸"右侧的贴图类型按钮，在打开的对话框中双击"位图"，然后在打开的"选择位图图像文件"对话框中选择配套素材"11.jpg"，单击"打开"按钮，如图 4-91 所示。

（5）设置"凹凸"通道数量。

单击材质编辑器工具栏中的"转到父对象"按钮，将"贴图"卷展栏中"凹凸"通道的数量设置为 200，如图 4-91 所示。

（6）调制第 2~6 个子材质。

单击"转到父对象"按钮，返回多维 / 子材质的参数堆栈列表，参照步骤（3）~（5）的操作设置第 2~6 个子材质（为"漫反射"和"凹凸"通道指定的贴图按其名称顺延）。

（7）调制第 7 个子材质

单击第 7 个子材质的"材质"按钮，打开其参数堆栈列表，在"Blinn 基本参数"卷展栏中将"漫反射"的颜色设置为白色，将"高光级别"设置为 107，将"光泽度"设置为 55，如图 4-92 所示。

图 4-91　调制第 1 个子材质

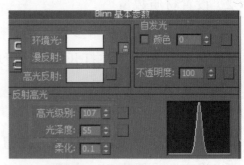

图 4-92　调制第 7 个子材质

（8）为骰子添加材质。

选中透视图中的骰子模型，单击材质编辑器工具栏中的"将材质指定给选定对象"

按钮，为骰子模型添加材质，如图 4-93 所示。

4. 渲染

选择"渲染"→"渲染"命令，或者按〈F9〉键进行渲染，效果如图 4-94 所示。

图 4-93 为骰子添加材质

图 4-94 渲染后的效果

必备知识

多维 / 子对象材质：该材质多用于为可编辑多边形、可编辑网格、可编辑面片等对象的表面分配材质。分配时，材质 ID 为 N 的子材质只能分配给对象表面中材质 ID 为 N 的部分。多维 / 子对象材质的参数和使用后的效果如图 4-95 所示。

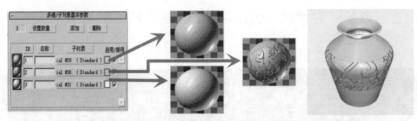
图 4-95 多维 / 子对象材质的参数和使用后的效果

顶 / 底材质：使用此材质可以为物体的顶面和底面分配不同的子材质。物体的顶面是指法线向上的面；底面是指法线向下的面。顶 / 度材质的参数和使用后的效果如图 4-96 所示。

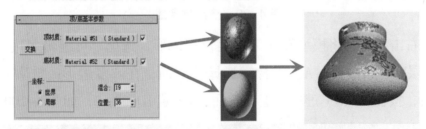
图 4-96 顶 / 底材质的参数和使用后的效果

无光 / 投影材质：该材质主要用于模拟不可见对象，将材质分配给对象后，渲染时对象在场景中不可见，但能在其他对象上看到其投影。

多维 / 子对象材质概念的提出是为了解决如何为一个模型的不同部分指定不同的材质。例如，苍蝇的翅膀和身体的感光和透光是不一样的，所以需要两种材质，如图 4-97 所示。

图 4-97 苍蝇

任务拓展

制作校园石刻

【步骤 1】启动 3ds Max 软件，在"前视图"中绘制一个如图 4-98（a）所示的图形，右击点，将其修改为光滑点，并调整点的位置，如图 4-98（b）所示。

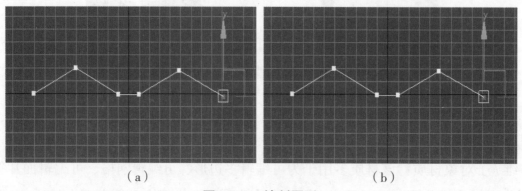

（a）　　　　　　　　　　　　（b）

图 4-98　绘制图形

【步骤 2】选择"样条线"，在"几何体"卷展栏中，将"轮廓"修改为 10，添加"挤出"修改器，设置"数量"为 100。使用旋转工具使旋转模型与水平成一定的角度，如图 4-99 所示。

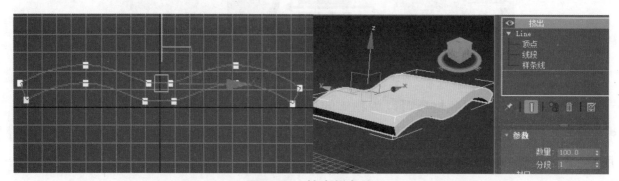

图 4-99　挤出样条线

【步骤 3】右击模型，将模型转换为可编辑多边形，选择"可编辑多边形"下的"多边形"子对象层级，按〈Ctrl+A〉组合键选择所有面，在"多边形：材质 ID"卷展栏中"设置 ID"为 1，按住〈Ctrl〉键单击上面的面，"设置 ID"为 2，如图 4-100 所示。

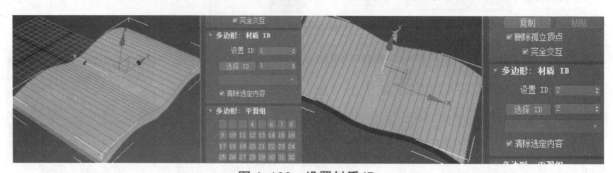

图 4-100　设置材质 ID

【步骤4】继续制作底座模型，创建"长度"为100，"宽度"为"200"，"高度"为80的长方体模型，将长方体置于"书"模型下面，如图4-101所示。

【步骤5】将长方体转换为可编辑多边形，选择"可编辑多边形"下的"多边形"子对象层级，单击选择长方体上面的多边形面，选择"编辑多边形"卷展栏下的"插入"命令，设置"插入量"为12，如图4-102所示。

图4-101 创建长方体1

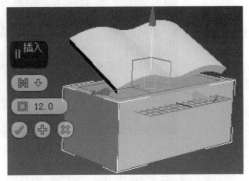
图4-102 创建长方体2

【步骤6】继续执行"编辑多边形"下的"挤出"命令，将插入的面挤出，如图4-103（a）所示，选择"可编辑多边形"下的"点"子对象层级，用移动工具，将后面的两个点向上移动，与"书"模型相连，如图4-103（b）所示。

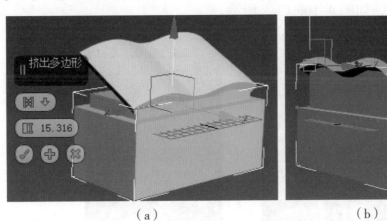
（a）　　　　　　　　　　（b）
图4-103 挤出面

【步骤7】执行"渲染"→"材质编辑器"→"精简材质编辑器"命令，选择一材质球，单击"Standard"按钮，在弹出的"材质/贴图浏览器"中选择"通用"下的"多维/子对象"材质。设置"材质数量"为2，单击ID1子材质贴图按钮，选择"标准"材质，在标准材质下为漫反射添加位图贴图，指定素材文件"大理石.jpg"，如图4-104所示。

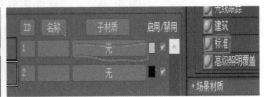
图4-104 设置ID材质

【步骤8】返回到多维材质，继续对材质 ID2 添加标准材质，在标准材质中为"漫反射颜色"通道添加位图"m1.jpg"，为"凹凸"通道添加位图"m12.jpg"，设置凹凸数量为200，将材质指定给书模型。再选择一个材质球，将素材中的"大理石 .jpg"直接拖曳到材质球上，并将材质指定给底座模型，如图 4-105 所示。

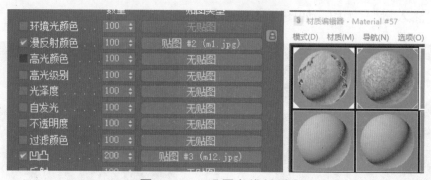

图 4-105　设置多维材质

【步骤9】选择书模型，添加"UVW 贴图"修改器，"贴图"选项区域中选择"平面"单选按钮，勾选"U 向平铺"对应的"翻转"复选框，"对齐"选项区域中选择"Y"轴，调整"贴图"选项区域中的"长度"与"宽度"，使贴图能铺平整个面，如图 4-106（a）所示。选择底座模型，添加"UVW 贴图"，选中"参数"卷展栏下的"贴图"选项区域中的"长方体"单选按钮，如图 4-106（b）所示。

（a）　　　　　　　　（b）

图 4-106　设置贴图参数和渲染效果

【步骤10】制作一个底面，渲染模型，得到如图 4-107 所示的效果。

图 4-107 渲染模型

任务4 贴图材质——制作青花瓷

青花瓷材质

任务分析

UVW 是物体的贴图坐标，UVW 展开可以让贴图准确地贴在复杂的模型上，本任务通过对青花瓷模型的贴图展开和材质制作过程，从而实现对复杂模型的材质制作。

任务实施

（1）启动 3ds Max 软件，执行"新建"→"图形"→"线"命令，在前视图绘制一条样条线，如图 4-108（a）所示，选择相应点，将点转换为光滑点（选中点后右击，选择"光滑"选项），调整点位置，如图 4-108（b）所示，选中直角位置的点，执行"切角"命令，将直角变为圆角，如图 4-108（c）所示。

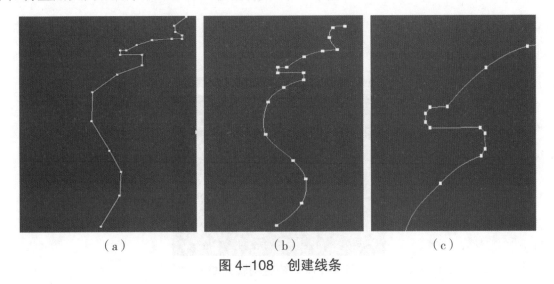

（a） （b） （c）

图 4-108 创建线条

（2）选择"线"为其添加"车削"命令，在"对齐"卷展栏中选择"最大"得到青花瓷模型，若要修改模型，可以选择"显示最终结果开关切换" ![] 按钮调整侧边的点，使模型达到最佳效果，勾选"翻转法线"和"焊接内核"复选框。将模型转换为可编辑多边形，在"边"模式下，选择底边外边线，执行"塌陷"命令，将底边转换为底面，选择底面，执行"插入"命令，添加多条边，如图4-109所示。

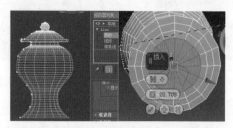

图4-109　车削与插入底边

（3）为模型添加"UVW展开"修改器，打开UV编辑器，在UV编辑器中选择"边"模式 ![]，单击选择盖外边的一条边，单击"环形UV" ![] 按钮，选择一条环形边，执行UV编辑器中的"工具"→"断开"命令（〈Shift+R〉），用同样的方法将盖子上边选中并断开，选择"面"模式 ![]，在断开的部分双击，选中断开的部分，执行"贴图"→"法线贴图"命令，选中部分UV被展开，如图4-110所示。

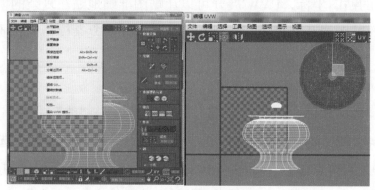

图4-110　展开贴图

（4）双击模型上面的把手，直接单击"剥"下面的"快速剥"命令 ![]，快速将其剥离，如图4-111所示。

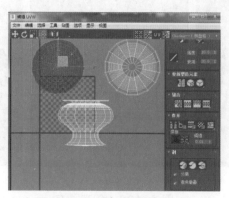

图4-111　快速剥展开UV

（5）将青花瓷的颈部选择边后断开，再沿垂直方向断开，分别选中间两部分，单击"重新塑造元素"中的"拉直选定项" 按钮，将颈部的 UV 展开，如图 4–112 所示。

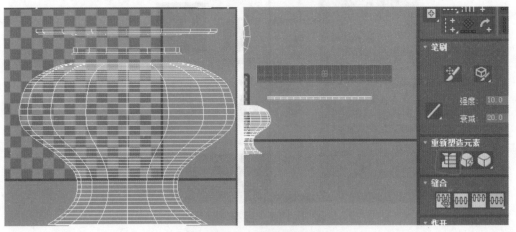

图 4–112　拉直展开 UV

（6）选择青花瓷主体与底部交界处的环线，将其"打断"，在垂直方向选择环线将其断开，然后"拉直"（操作见上一步），选中底部区域直接执行"剥"→"快速剥"命令，此时得到所选模式部位的 UV 图，选中所有的 UV 图，单击"排列元素"下的"紧缩：自定义"按钮，将所有 UV 图排列到 U1V1 象限中，并观察 UV 图方向是否与模型中位置一致，如图 4–113 所示。

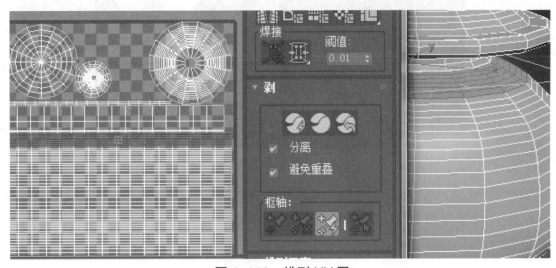

图 4–113　排列 UV 图

（7）在 UV 编辑器中，执行"工具"→"渲染 UVW 模板"命令，在打开的对话框中单击"渲染输出"后的 ，输入文件名"UV 图"，选择文件格式为 .jpg，保存文件，回到"渲染 UVW 模板"对话框，单击"渲染 UV 模板"按钮，如图 4–114 所示。

图 4-114 保存 UV 图

（8）用 Photoshop 软件打开 UV 图，将准备好的素材按图案位置进行摆放，为了方便将位置准确对齐，可以先将图案透明度降低，位置确定后再将透明度恢复，青花瓷上面的把手可以从图案中吸取颜色涂抹成纯色，完成后在背景层上新建一图层并填充为白色，调整图案的色相和对比度使图案的颜色基本一致，保存图片。制作贴图如图 4-115 所示。

图 4-115 制作贴图

（9）回到 3ds Max 软件，按〈M〉键打开材质编辑器，选择任意材质球，将 Photoshop 中保存的图片拖曳到材质中，将材质球材质指定给青花瓷模型，渲染模型，如图 4-116 所示。

图 4-116 为模型添加材质

必备知识

1. UVW 简介

UVW 是贴图坐标，简单地说就是因为要把一个多面体的贴图都绘制在一张正方形的纸上，所以要给这张纸划分区域，定好每个区域贴哪个面的图，分 UV 就是把多面体的每个面拆开平铺到这张纸上。UVW 坐标系与 XYZ 坐标系相似。位图的 U 和 V 轴对应于 X 和 Y 轴。对应于 Z 轴的 W 轴一般仅用于程序贴图。可在材质编辑器中将位图坐标系切换到 VW 或 WU，在这些情况下，位图被旋转和投影，以使其与该曲面垂直。

2. "UVW 贴图" 修改器

将一张贴图指定给不同模型时，不同形状模型的贴图效果会不同，这是因为它们采用了默认的贴图方式，若要修改不同的模型贴图效果，可以为模型添加 "UVW 贴图" 修改器。在默认情况下，"UVW 贴图" 修改器使用贴图通道 1 上的平面贴图，用户可以更改贴图类型和贴图通道。"UVW 贴图" 修改器共有 7 种贴图坐标、99 个贴图通道，平铺控件和控件可用于在 "UVW 贴图" 修改器中调整贴图 Gizmo 的大小和方向，如图 4-117 所示。

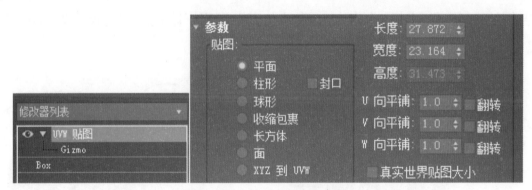

图 4-117　UVW 贴图参数

Gizmo 子对象层级——启用 Gizmo 变换。在此子对象层级，可以在视口中移动、缩放和旋转 Gizmo 以定位贴图。在材质编辑器中，启用 "在视口中显示贴图" 选项以便在着色视口中显示贴图，变换 Gizmo 时贴图在对象表面上移动。

（1）"贴图" 选项区域：确定所使用的贴图坐标的类型。通过贴图在几何上投影到对象上的方式以及投影与对象表面交互的方式，来区分不同种类的贴图。

平面：从对象上的一个平面投影贴图，在某种程度上类似于投影幻灯片。在需要贴图对象的一侧时，会使用平面投影。它还用于倾斜地在多个侧面贴图，以及用于贴图对称对象的两个侧面，如图 4-118（a）所示。

柱形：从柱体投影贴图，使用它包裹对象。位图接合处的缝是可见的，除非使用无缝贴图。柱形投影用于基本形状为圆柱形的对象，如图 4-118（b）所示。

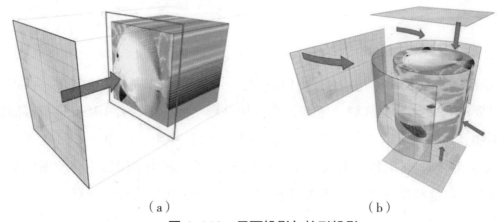

（a）　　　　　　　　　　　　（b）

图 4-118　平面投影与柱形投影

　　封口：对圆柱体封口应用平面贴图坐标。

　　注意：如果对象几何体的两端与侧面没有成正确角度，封口投影扩散到对象的侧面上。

　　球形：通过从球体投影贴图来包围对象。在球体顶部和底部，位图边与球体两极交汇处会看到缝和贴图奇点。球形投影用于基本形状为球形的对象，如图 4-119（a）所示。

　　收缩包裹：使用球形贴图，但是它会截去贴图的各个角，然后在一个单独极点将它们全部结合在一起，仅创建一个奇点。收缩包裹贴图用于隐藏贴图奇点，如图 4-119（b）所示。

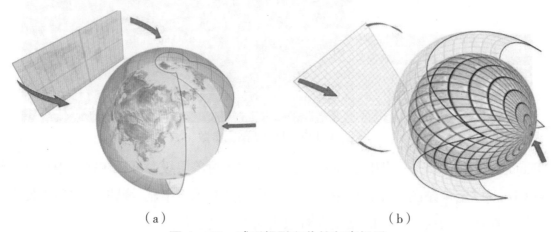

（a）　　　　　　　　　　　　（b）

图 4-119　球形投影和收缩包裹投影

　　长方体：从长方体的 6 个侧面投影贴图。每个侧面投影为一个平面贴图，且表面上的效果取决于曲面法线。从其法线几乎与其每个面的法线平行的最接近长方体的表面贴图每个面，如图 4-120（a）所示。

　　面：对对象的每个面应用贴图副本。使用完整矩形贴图来贴图共享隐藏边的成对面。使用贴图的矩形部分贴图不带隐藏边的单个面，如图 4-120（b）所示。

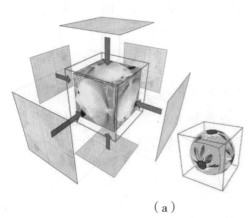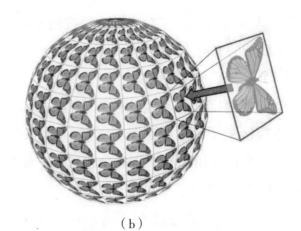

（a）　　　　　　　　　（b）

图 4-120　长方体投影和面投影

XYZ 到 UVW：将 3D 程序坐标贴图到 UVW 坐标。这会将程序纹理贴到表面，如果表面被拉伸，3D 程序贴图也被拉伸。在具有动画拓扑的对象上，将此选项与程序纹理（如细胞）一起使用，如图 4-121 所示。

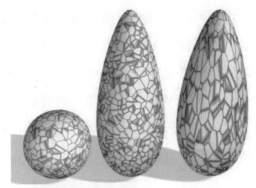

图 4-121　XYZ 到 UVW 投影

长度、宽度和高度：指定"UVW 贴图"Gizmo 的尺寸。在应用修改器时，贴图图标的默认缩放由对象的最大尺寸定义。可以在 Gizmo 层级设置投影的动画。请注意有关这些参数的下列事项：

尺寸基于 Gizmo 的边界框。

"高度"对于"平面"Gizmo 不可用：它不具有深度。同样，"圆柱形""球形"和"收缩包裹"贴图的尺寸都显示它们的边界框而不是它们的半径。对于"面"贴图，没有可用尺寸：几何体上的每个面都包含整个贴图。

U 向平铺、V 向平铺、W 向平铺：用于指定 UVW 贴图的尺寸以便平铺图像。这些是浮点值，可设置这些值的动画以便随时间移动贴图的平铺。

"翻转"：绕给定轴反转图像。

（2）"通道"选项区域。

每个对象最多可拥有 99 个 UVW 贴图坐标通道。默认贴图（通过"生成贴图坐标"切换）始终为通道 1。"UVW 贴图"修改器可向任何通道发送坐标。这样，在同一个面上可同时存在多组坐标，如图 4-122 所示。

（3）"对齐"选项区域。

X/Y/Z：选择其中之一，可翻转贴图 Gizmo 的对齐。每项指定 Gizmo 的哪个轴与对象的局部 Z 轴对齐。

注意：这些选项与"U/V/W 平铺"微调框旁的

图 4-122　"通道"与"对齐"选项区域

"翻转"复选框不同。"对齐"选项按钮实际上翻转 Gizmo 的方向，而"翻转"复选框翻转指定贴图的方向。

（4）"显示"选项区域。

此设置确定贴图不连续性（也称为缝）是否以及如何显示在视口中。仅在 Gizmo 子对象层级处于活动状态时显示缝。默认缝的颜色为绿色，要更改颜色，执行"自定义"→"自定义用户界面"命令，选择"颜色"选项卡，然后从"元素"下拉列表框中选择"UVW 贴图"。

3. "UVW 展开"修改器

只用"UVW 贴图"修改器是不能使贴图正确地贴在模型上的，为了让贴图准确地贴在复杂的模型上，这时候就用到"UVW 展开"修改器，它可以把模型平摊展开来，或者分块，可以配合棋盘格贴图赋予模型进行调整，直到达到想要的效果，"UVW 展开"修改器是一个比较复杂的展 UV 工具，也是在做任何高质量贴图时必须用到的一个工具。它可以配合插件输出比较高质量的贴图坐标，便于用户绘制出更高质量的贴图。

（1）"UVW 展开"修改器的面板。

UVW 展开就是将模型"展平"，再将"展平"的模型，分成几部分，以便为每一部分制作贴图，其面板如图 4-123 所示。

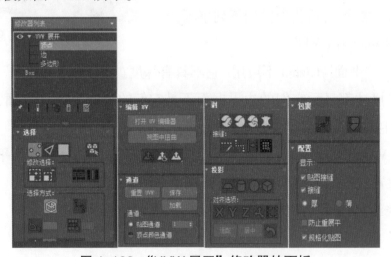

图 4-123　"UVW 展开"修改器的面板

选择：可以选择顶点、边、面等子对象层级进行编辑。

编辑 UV：主要用于打开 UV 编辑器。

剥：可以快速展开 UV。

投影：为模型添加不同的投影。

（2）"编辑 UVW"窗口。

"编辑 UVW"窗口是使用 UVW 展开器时最常用到的，在窗口的中心区域分别显示了贴图图像和展开模型的表面。菜单栏中集合了大量编辑 UVW 时所用到的工具，其中包含了 8 个主要菜单，分别是文件、编辑、选择、工具、贴图、选项、显示和视图，如图 4-124 所示。

下面通过一个案例介绍展开 UV 中常见的操作。

（1）添加"UVW 展开"修改器：在场景中创建"茶壶"模型，为模型添加"UVW 展开"修改器，打开 UVW 编辑器，此时可以看到模型 UV 很不规则，下面对 UV 进行展开。

（2）添加"平面贴图"投影：按〈Ctrl+A〉选中整个模型，单击"投影"卷展栏下面的"平面贴图"投影，此时 UVW 编辑器中的 UV 图显示出模型平面效果，然后再次单击"平面贴图"按钮关闭投影，如图 4-125 所示。

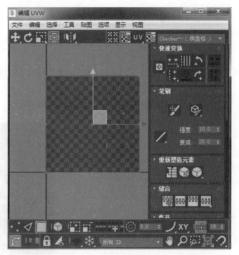

图 4-124　"编辑 UVW"窗口

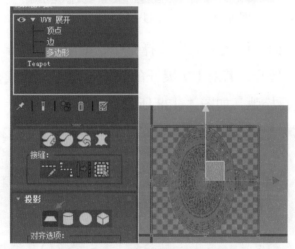

图 4-125　模型添加平面投影

（3）选择 UV 面：在 UVW 编辑器中选择"点"或"面"级别（也可以在"UVW 展开"修改器中选择），然后在壶嘴上双击选择壶嘴，用移动工具将壶嘴的 UV 移开，用同样的方法将壶盖、壶把分开，如图 4-126 所示。

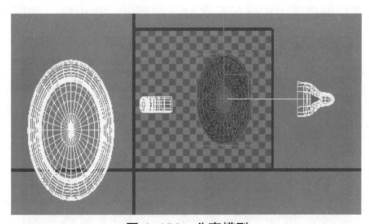

图 4-126　分离模型

（4）断开 UV 线：选择"边"模式，在透视图中选择"壶嘴"上的一条线，连续单击"选择"卷展栏中的"循环：XY 边"▦▦▦，选择一条连续的线（可以双击选择一条连续的线），然后执行"工具"下的"断开"命令（Ctrl+R），将模型沿选择的 UV 线断开，如图 4-127 所示。

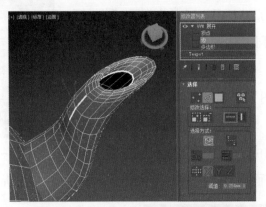

图 4-127　选择 UV 线和显示模式

（5）展开 UV：在"面"模式下双击选择整个"壶嘴"，单击"剥"卷展栏下的"快速剥"命令，将 UV 快速展开，若对 UV 展开的效果不理想，继续执行"工具"菜单下的"松弛"命令，对 UV 进行松弛，如图 4-128 所示。

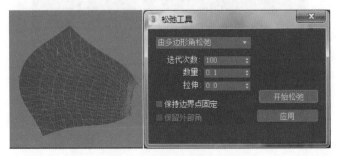

图 4-128　展开 UV

（6）观察展开效果：如何判断 UV 展开是否合理或变形呢？为模型添加"棋盘格"，这时模型上显示"棋盘格"纹理效果，若"棋盘格"呈现"正方形"效果，说明此处 UV 分布合理均匀，若有拉伸说明 UV 分布不均匀，需要进一步拆分，如图 4-129 所示。

图 4-129　添加"棋盘格"

（7）继续拆分其他部分：将壶盖分成两部分，壶身和壶底分开，壶把沿中间线断开再展开，最终各个 UV 展开效果，如图 4-130 所示。

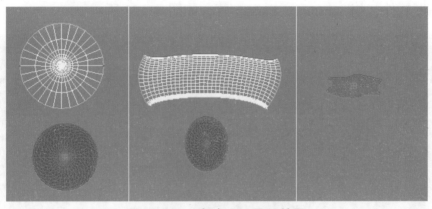

图 4-130　各个 UV 展开效果

（8）排列 UV：按〈Ctrl+A〉组合键选择所有 UV 图，执行"排列元素"卷展栏下的"紧缩自定义"命令，这时所有 UV 图被置于 U1V1 坐标系中，为了将坐标系中的空间合理利用，也可以手动进行排列，如图 4-131 所示。

图 4-131　排列 UV

（9）导出 UV 图：执行"工具"菜单下的"渲染 UVW 模板"命令，单击"渲染 UV 模板"得到渲染贴图，单击"保存"按钮即可得到模型的展开 UV 图，如图 4-132 所示。

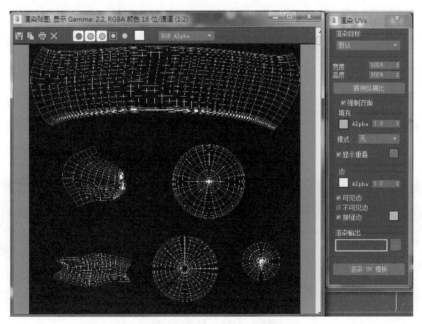

图 4-132　导出 UV 图

（10）制作贴图：制作贴图的方式有很多，不同的应用可以采用不同的方法，如果是简单的图案颜色可以直接在 Photoshop 等软件中完成，若是复杂的游戏模型贴图可以使用专业的绘制贴图软件，如 Substance Painter 等，如图 4-133 所示。

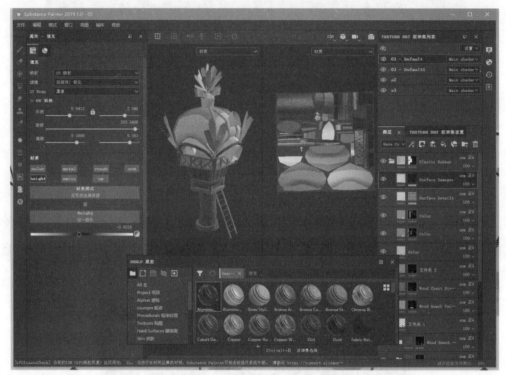

图 4-133　Substance Painter 三维贴图绘制软件

任务拓展

月饼盒贴图

制作月饼包装盒

【步骤 1】创建长 100 mm 宽 100 mm 高 30 mm 的长方体模型，将模型转换为可编辑多边形，打开材质编辑器，将素材文件"月饼盒 .jpg"直接拖曳到一个材质球上，并将材质指定给长方体模型。

【步骤 2】为模型添加"UVW 展开"修改器，打开 UV 编辑器，在"拾取纹理"中选择位图，将素材中的"月饼盒"拾取，可以看到模型自动分割为多个 UV 面，如图 4-134 所示。

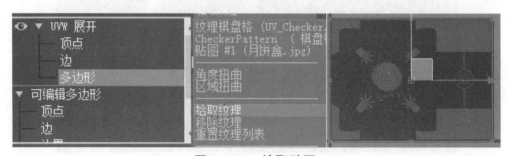

图 4-134　拾取贴图

【步骤3】在"UVW 编辑器"窗口中，用移动工具将每个 UV 面从贴图中移开方便操作，选择一多边形（选择 UV 多边形时观察模型中面的位置），单击"自由形式模式"按钮，对 UV 面进行对齐调整，如图 4-135 所示。

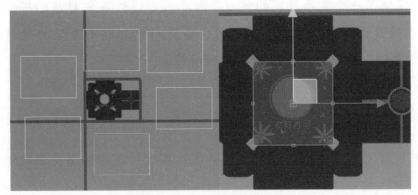

图 4-135　调整 UV 图大小

【步骤4】用同样的方法调整每个 UV 多边形到图案中的位置，在 UVW 中选择"点"模式，可以方便地调整大小和位置，如图 4-136 所示。

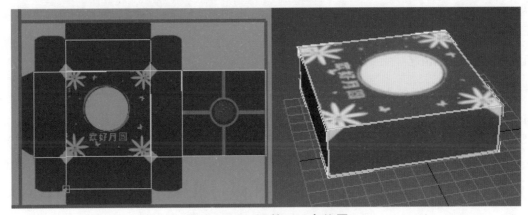

图 4-136　调整 UV 点位置

【步骤5】在顶视图创建一个平面，选择另一个材质球，为材质球添加"平铺"材质，在"高级控制"卷展栏中设置纹理颜色和水平垂直数量，将设置的材质指定给平面模型。在"UVW 展开"修改器上右击，选择"塌陷到"命令，将 UVW 贴图塌陷到可编辑多边形上，设置平铺参数和渲染结果如图 4-137 所示。

图 4-137　设置平铺参数和渲染结果

|||||||||||||||||||||||||||||||| 项目总结 ||||||||||||||||||||||||||||||||

为复杂对象赋予材质是三维制作中重要的知识点，好的材质将使三维场景更具有真实感。3ds Max 提供了一个复杂精密的材质系统，可以通过各种材质的搭配制作千变万化的材质效果。本项目详细讲解了材质编辑器、各种材质和贴图类型的使用方法，读者在实际的制作中需要举一反三，灵活地使用各种材质。

|||||||||||||||||||||||||||||||| 项目评价 ||||||||||||||||||||||||||||||||

在本项目中，学习了 3ds Max 的材质编辑器及各种材质和贴图类型的使用方法，请完成表 4-2。

表 4-2 项目评价表

评价项目	等级			
	很满意	满意	还可以	不满意
任务完成情况				
与同组成员沟通及协调情况				
知识掌握情况				
体会与经验				

|||||||||||||||||||||||||||||||| 实战强化 ||||||||||||||||||||||||||||||||

"歼-20"是我国自主研发的隐形第五代制空战斗机，如图 4-138 所示。请在网上找到"歼-20"的三视图，制作"歼-20"模型，通过 UVW 贴图功能为模型添加贴图。

图 4-138 "歼-20"

项目 5

灯光与
摄影机

5

　　本项目将介绍 3ds Max 中灯光和摄影机方面的知识，为场景创建灯光，一方面可以照亮场景，另一方面可以烘托气氛，使场景更具真实感；摄影机主要用于观察场景并记录观察视角，以及创建追踪和环游拍摄动画。

任务1　为卡通人物场景创建灯光

任务分析

　　最常用的布光方法是"三点照明法"，通过本任务学习灯光的创建方法及用"三点照明法"为场景布光。

任务实施

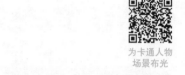

为卡通人物
场景布光

1. 创建目标聚光灯

　　打开配套素材"三点照明 .max"，单击"灯光"创建面板"标准"分类中的"目标聚光灯"按钮，然后在前视图中单击并按住鼠标左键拖动到适当位置，创建一盏目标聚光灯，作为场景的主光源，如图 5-1 所示。

2. 调整聚光灯的照射方向和参数

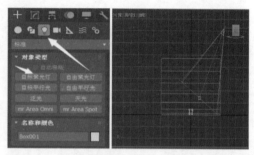

图 5-1　在前视图中创建一盏目标聚光灯

　　使用移动工具在顶视图中调整目标聚光灯发光点的位置，以调整其照射方向；然后在"修改器列表"面板中的"常规参数""强度 / 颜色 / 衰减"和"聚光灯参数"卷展栏中调整聚光灯的基本参数，完成场景主光源的调整，如图 5-2 所示。

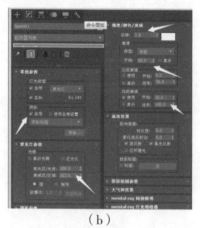

（a）　　　　　　　　　　　　（b）

图 5-2　调整聚光灯的照射方向和参数
（a）照射方向;（b）参数

3. 创建辅助光并调整其高度

在前视图中选中目标聚光灯的发光点，通过移动克隆复制一盏目标聚光灯作为场景的辅助光；调整辅助光发光点的高度，如图 5-3 所示。

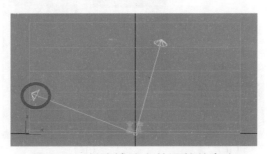

图 5-3　创建辅助光并调整其高度

4. 调整辅助光的照射方向和基本参数

在顶视图中继续调整辅助光发光点的位置，以调整其照射方向，如图 5-4（a）所示；然后在"常规参数"和"强度 / 颜色 / 衰减"卷展栏中调整辅助光的基本参数，完成场景辅助光的调整，如图 5-4（b）所示。

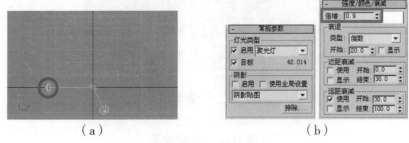

（a）　　　　　　　　　　　　（b）

图 5-4　调整辅助光的照射方向和基本参数
（a）照射方向；（b）基本参数

5. 创建两盏泛光灯作为场景的背景光

单击"灯光"创建面板"标准"灯光分类中的"泛光灯"按钮，然后分别在顶视图中单击鼠标，创建两盏泛光灯，作为场景的背景光；再在前视图中调整其高度，如图 5-5所示。

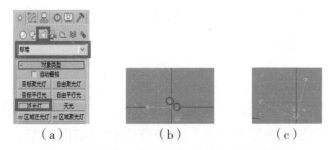

（a）　　　　　　　（b）　　　　　　　（c）

图 5-5　创建两盏泛光灯作为场景的背景光

6. 将地面从泛光灯的照射对象中排除

单击"修改"面板"常规参数"卷展栏"阴影"选项区域中的"排除"按钮，在打开的"排除 / 包含"对话框中将 Ground 从泛光灯的照射对象中排除（泛光灯的其他参数使用系统默认即可），如图 5-6 所示。

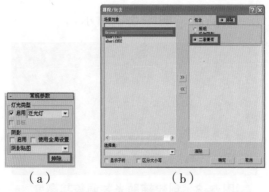

（a）　　　　　　（b）

图 5-6　将地面从泛光灯的照射对象中排除

7. 渲染

按〈F9〉键进行快速渲染，创建灯光后的渲染效果如图 5-7 所示。

图 5-7　渲染效果

必备知识

若没有灯光，场景将是漆黑一片。为了便于创建场景，3ds Max 为用户提供了一种默认的照明方式，它由两盏放置在场景对角线处的泛光灯组成。用户可以自己为场景创建灯光（系统默认的照明方式会自动关闭）。

3ds Max 的"灯光"创建面板列出了用户可以创建的所用灯光，可分为标准和光度学两类，下面分别介绍这两类灯光。

1. 标准灯光

标准灯光包括聚光灯、平行光、泛光灯和天光，主要用于模拟家庭、办公、舞台、电影和工作中使用的设备灯光及太阳光。与光度学灯光不同的是，标准灯光不具有基于物理的强度值。

（1）聚光灯：聚光灯产生的是从发光点向某一方向照射、照射范围为锥形的灯光，常用于模拟路灯、舞台追光灯等的照射效果，如图 5-8 所示。

根据灯光有无目标点，可以将聚光灯分为目标聚光灯和自由聚光灯，将平行光分为目标平行光和自由平行光。

（2）平行光：同聚光灯不同，平行光产生的是圆形或矩形的平行照射光线，常用来模拟太阳光、探照灯、激光光束等的照射效果，如图5-9所示。

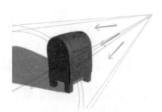 

图5-8　聚光灯　　　　　　　　图5-9　平行光

（3）泛光灯：泛光灯属于点光源，它可以向四周发射均匀的光线，照射范围大，无方向性，常用来照亮场景或模拟灯泡、吊灯等的照射效果，如图5-10（a）所示。

（4）天光：天光是一种可以从四面八方同时向物体投射光线的灯光，它可以产生穹顶灯一样的柔化阴影，缺点是无法得到物体表面的高光效果。常用于模拟日光效果或制作室外建筑中的灯光，如图5-10（b）所示。

（a）　　　　　　　　　　　（b）

图5-10　泛光灯和天光
（a）泛光灯；（b）天光

（5）mr区域泛光灯：当使用mental ray渲染器渲染场景时，区域泛光灯从球体或圆柱体区域发射光线，而不是从点源发射光线。

（6）mr区域聚光灯：当使用mental ray渲染器渲染场景时，区域聚光灯从矩形或碟形区域发射光线，而不是从点源发射光线。

2. 光度学灯光

光度学灯光不同于标准灯光，它使用光度学（光能）来精确地定义灯光，就像在真实世界一样。用户可以设置光度学灯光的分布、强度、色温和其他真实世界灯光的特性，还可以导入照明制造商的特定光度学文件以便设计基于灯光的照明。光度学灯光包括目标灯光、自由灯光和Mr Sky门户。

各灯光的特点如下。

（1）目标灯光：目标灯光可以用于指向灯光的目标子对象（目标点），可以选择球形分布、聚光灯分布，以及光度学Web分布等光发散类型。

（2）自由灯光：自由灯光不具备目标子对象，同样可以选择球形分布、聚光灯分布及光度学 Web 分布等光发散类型。

（3）Mr Sky 门户：Mr Sky 门户聚集由日光系统生成的天光（相对于直射太阳光）。当将 Sky 门户应用于玻璃门与窗户之类的对象时，这些对象会变成光源，从而使邻近区域（尤其是建筑物内部）依次被照亮。

3. 在场景中布光的方法

为场景创建灯光又称为"布光"。在动画、摄影和影视制作中，最常用的布光方法是"三点照明法"——创建 3 盏或 3 盏以上的灯光，分别作为场景的主光源、辅助光、背景光及装饰灯光。该布光方法可以照亮物体的几个重要角度，从而明确地表现出场景的主体和所要表达的气氛。此外，为场景布光时需要注意以下几点。

（1）灯光的创建顺序：创建灯光时要有一定的顺序，通常首先创建主光源，然后创建辅助光，最后创建背景光和装饰灯光。

（2）灯光强度的层次性：设置灯光强度时要有层次性，以体现出场景的明暗分布，通常情况下，主光源强度最大，辅助光次之，背景光和装饰灯光强度较弱。

（3）场景中灯光的数量：场景中灯光的数量不宜过多，灯光越多，场景的显示和渲染速度越慢。

灯光的基本参数如下。

（1）"常规参数"卷展栏。该卷展栏中的参数主要用于更改灯光的类型和设置灯光的阴影产生方式，如图 5-11 所示。

图 5-11　"常规参数"卷展栏

"常规参数"卷展栏各主要参数的作用如下。

①灯光类型：该选项区域中的参数主要用于切换灯光类型，其中，"启用"复选框可以控制灯光效果的开启和关闭，"目标"复选框可以设置灯光是否有目标点（复选框右侧的数值为发光点和目标点之间的距离）。

②阴影：该选项区域中的参数用于设置渲染时是否渲染灯光的阴影，以及阴影的产生方式，如图 5-12~ 图 5-15 所示。下方的"排除"按钮用于设置场景中哪些对象不产生阴影。

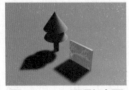

图 5-12　阴影贴图　　　图 5-13　光线跟踪阴影　　　图 5-14　区域阴影　　　图 5-15　高级光线跟踪阴影

（2）"强度/颜色/衰减"卷展栏。该卷展栏中的参数主要用于设置灯光的强度、颜色，以及灯光强度随距离的衰减情况，如图5-16所示。

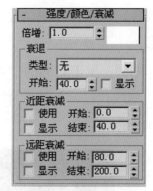

图5-16 "强度/颜色/衰减"卷展栏

"强度/颜色/衰减"卷展栏各主要参数的作用如下。

①倍增：设置灯光的光照强度，右侧的颜色框用于设置灯光的颜色（当倍增值为负数时，灯光将从场景中吸收光照强度）。

②衰退：该选项区域中的参数用于设置灯光强度随距离衰减的情况。衰减类型设置为"倒数"时，灯光强度随距离线性衰减，设置为"平方反比"时，灯光强度随距离的

图5-17 勾选"显示"复选框后的效果

平方线性衰减；"开始"微调框用于设置衰减的开始位置；勾选"显示"复选框时，在灯光开始衰减的位置以绿色线框进行标记，如图5-17所示。

③近距衰减：该选项区域中的参数用于设置灯光由远及近衰减（即从衰减的开始位置到结束位置，灯光强度由0增强到设置值）的情况。勾选"显示"复选框时，在灯光的光锥中将显示出灯光的近距衰减线框，如图5-18所示。

④远距衰减：该选项区域中的参数用于设置灯光由近及远衰减（即从衰减的开始位置到结束位置，灯光强度由设置值衰减为0）的情况。勾选"显示"复选框时，在灯光的光锥中将显示出灯光的远距衰减线框，如图5-19所示。

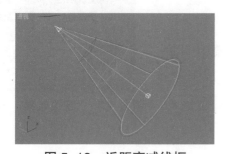

图5-18 近距衰减线框

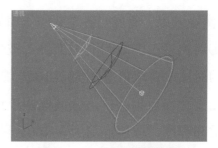

图5-19 远距衰减线框

（3）"阴影参数"卷展栏。该卷展栏中的参数主要用于设置对象和大气的阴影，如图5-20所示。

"阴影参数"卷展栏各参数的作用如下。

①颜色：单击右侧的颜色框可以设置对象阴影的颜色。

②密度：该微调框用于设置阴影的密度，从而使阴影变暗或变亮，默认为1。当该值为0时，不产生阴影；当该值

图5-20 "阴影参数"卷展栏

为正数时，产生与左侧设置颜色相同的阴影；当该值为负数时，产生与左侧设置颜色相反的阴影。

③贴图：单击右侧的"无"按钮可以为阴影指定贴图，指定贴图后，对象阴影的颜色将由贴图取代，常用来模拟复杂透明对象的阴影，为对象阴影指定贴图前、后的效果如图 5-21 所示。

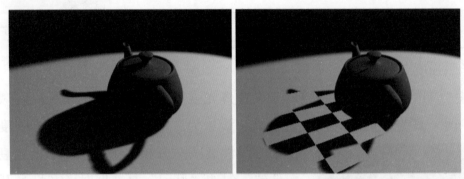

图 5-21　为对象阴影指定贴图前、后的效果

④灯光影响阴影颜色：勾选此复选框，灯光的颜色将会影响阴影的颜色，阴影的颜色为灯光颜色与阴影颜色混合后的颜色。

⑤不透明度：该微调框用于设置大气阴影的不透明度，即阴影的深浅程度，默认为100。取值为 0 时，大气效果没有阴影。

⑥颜色量：该微调框用于设置大气颜色与阴影颜色混合的程度，默认为 100。

（4）"高级效果"卷展栏。该卷展栏中的参数主要用来设置灯光对物体表面的影响方式，以及设置投影灯的投影图像，如图 5-22 所示。

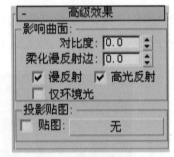

图 5-22　"高级效果"卷展栏

"高级效果"卷展栏各参数的作用如下。

①对比度：该微调框用于设置被灯光照射的对象中明暗部分的对比度，取值范围为 0~100，默认为 0。

②柔化漫反射边：该微调框用于设置对象漫反射区域边界的柔和程度，取值范围为 0~100，默认为 0。

③漫反射 / 高光反射 / 仅环境光：这 3 个复选框用于控制是否开启灯光的漫反射、高光反射和环境光效果，以控制灯光照射的对象中是否显示相应的颜色。

④投影贴图：该选项区域中的参数用于为聚光灯设置投影贴图，为右侧的"无"按钮指定贴图后，灯光照射到的位置将显示出该贴图图像。该功能常用来模拟放映机的投射光、透过彩色玻璃的光和舞厅的灯光等，如图 5-23 所示。

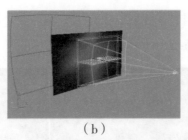

（a）　　　　　　　　　　（b）　　　　　　　　　　（c）

图 5-23　投影贴图的图像和渲染前、后的效果

（5）"大气和效果"卷展栏。该卷展栏主要用于为灯光添加或删除大气效果和渲染特效。单击该卷展栏中的"添加"按钮，在打开的"添加大气或效果"对话框中选择"体积光"选项，然后单击"确定"按钮，即可为灯光添加体积光大气效果。

单击该卷展栏中的"删除"按钮可删除选中的大气效果，单击"设置"按钮可打开"环境和效果"对话框，使用该对话框中的参数可调整大气效果。

任务拓展

秋叶的沉思

秋叶沉思——灯光投影贴图

【步骤 1】制作模型：利用新建模型"拓展基本体"中的"切角圆柱体"制作石桌和石凳模型，新建"平面"作为地面模型，如图 5-24所示。

【步骤 2】编辑材质：打开材质编辑器，为"地面"添加位图"秋叶 .jpg"贴图，为石桌和石凳添加"大理石"材质，调节材质参数，如图 5-25（a）所示，渲染模型效果如图 5-25（b）所示。

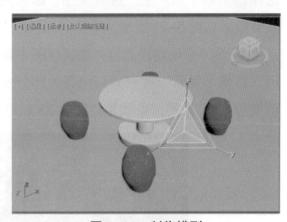

图 5-24　制作模型

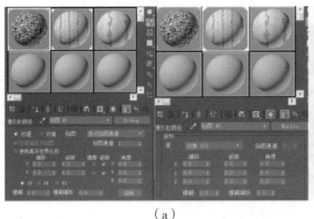

（a）　　　　　　　　　　　　　　（b）

图 5-25　添加材质及渲染效果

（a）调节材质参数；（b）渲染效果

【步骤3】创建聚光灯：执行"灯光"→"标准"→"目标聚光灯"命令，在前视图中创建一盏目标聚光灯，如图5-26所示。

图5-26   创建聚光灯

【步骤4】投影贴图：选择"目标聚光灯"，在"修改"面板中"常用参数"卷展栏的"阴影"选项区域中勾选"启用"复选框，在"高级效果"卷展栏的"投影贴图"选项区域中勾选"贴图"复选框并在右侧选择"位图贴图"方式，指定素材"树.jpg"贴图，这样整个场景就产生一种真实感，添加阴影贴图后的渲染效果如图5-27所示。

图5-27   添加阴影贴图后的渲染效果

【步骤5】创建泛光灯：在顶视图中创建一盏泛光灯，调整其位置，如图5-28（a）所示。将整个场景未被聚光灯照亮的部分照亮，调整泛光灯"阴影参数"密度为0.9，强度倍增为0.5，最终渲染效果如图5-28（b）所示。

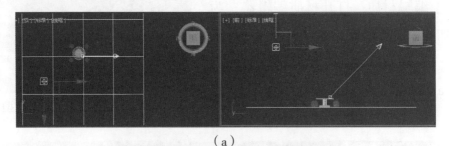

（a）

（b）

图5-28   创建泛光灯及最终渲染效果

（a）创建泛光灯；（b）最终渲染效果

任务2 清晨桌面一角

任务分析

本例将通过为场景添加目标平行光和目标聚光灯，制作清晨桌面一角的效果。

在制作清晨桌面一角的效果时，首先通过创建目标平行光模拟日光光线；然后通过创建目标聚光灯模拟台灯的灯光效果。

任务实施

1. 创建模型

桌面一角模型
制作

（1）创建墙面窗户：执行"创建"→"图形"→"矩形"命令，在左视图中创建一个矩形作为墙面，在矩形内部再创建一个小矩形作为窗户，分别右击两个矩形，将其转换为可编辑样条线。选择一个矩形，单击"修改"面板下的"附加"命令，再单击另一个矩形，将两个矩形附加在一起。为附加后的图形添加"挤出"修改器，设置"数量"为6，墙面窗户制作完成，如图5-29所示。

（2）用同样的方法使用"矩形"命令和"线"命令绘制窗格，将矩形和线附加在一起，选择"可编辑样条线"，勾选"渲染"卷展栏中的"在渲染中启用"和"在视口中启用"复选框，设置矩形"长度"为2，"宽度"为2，调整窗户的大小，将其移动到墙面上，如图5-30所示。

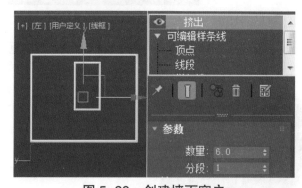

图5-29 创建墙面窗户

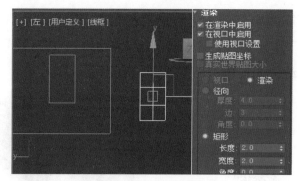

图5-30 绘制窗格

（3）制作台灯：利用"圆锥体""圆柱体""球体"（半球体）命令，制作出台灯模型，在"顶视图"中创建平面模型作为桌面，调整台灯、桌面的位置，如图5-31所示。

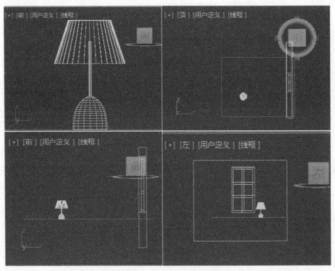

图 5-31　制作台灯

（4）制作材质：打开材质编辑器，直接将"木材 .jpg"文件拖曳到一个材质球中，设置"高光级别"为 79，"光泽度"为 37，并将此材质指定给墙面、桌面和窗户。用同样的方法将素材中的"灯罩 .jpg"拖曳到另一个材质球中，设置"高光级别"为 57，"光泽度"为 30，"自发光"为 100，并将材质指定给台灯的灯罩部分模型，如图 5-32 所示，保存模型为"桌面建模 .max"。

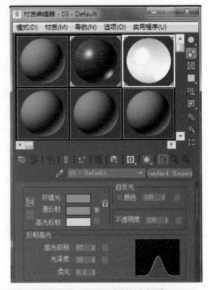

图 5-32　制作材质

2. 创建摄影机

（1）显示安全框并调整透视图的视角。

打开"桌面模型 .max"，选择透视图并按〈Shift+F〉组合键显示安全框（设置渲染尺寸），单击视图控制区中的"缩放"按钮缩放透视图，单击"平移视图"按钮，按住〈Alt〉键的同时按住鼠标中键拖动，调整透视图的视角，如图 5-33 所示。

制作桌面一角效果

图 5-33　显示安全框并调整透视图的视角

（2）创建摄影机。

保持透视图的激活状态，按〈Ctrl+C〉组合键，系统会自动创建一个目标摄影机。

3. 创建灯光

（1）创建"日光"并设置参数。

单击"灯光"创建面板"标准"分类下的"目标平行灯"按钮，然后在顶视图中按住鼠标左键不放并拖动创建一个目标平行灯，并命名为"日光"，然后在"常规参数""强度/颜色/衰减""平行光参数"和"阴影贴图参数"卷展栏中设置"日光"参数，如图5-34所示。

（a）

（b）

（c）
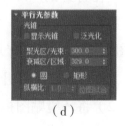
（d）

图5-34 设置"日光"参数

（2）调整"日光"位置。

在顶视图和前视图中调整"日光"发光点的位置，如图5-35所示。

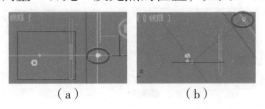
（a） （b）

图5-35 调整"日光"发光点位置

（3）渲染。

添加"日光"后，按〈F9〉键进行渲染，效果如图5-36所示。

图5-36 添加"日光"后渲染效果

（4）创建"台灯光"参数。

单击"灯光"创建面板"标准"分类中的"目标聚光灯"按钮，在前视图中创建一盏目标聚光灯，并命名为"台灯光"，然后在"常规参数"和"强度/颜色/衰减"卷展栏中设置灯光参数，如图5-37所示。

（5）调整"台灯光"位置。

在视图中调整"台灯光"位置，如图5-38所示。

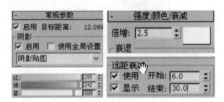

图5-37 设置"台灯光"参数

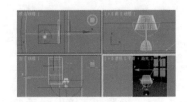

图5-38 调整"台灯光"位置

（6）渲染。

添加"台灯光"后，按〈F9〉键进行渲染，效果如图 5-39 所示。

4. 设置环境贴图和大气效果

（1）添加环境贴图。执行"渲染"→"环境"命令，在打开的"环境和效果"对话框中单击"公用参数"卷展栏下的"环境贴图"按钮，在打开的"材质/贴图浏览器"对话框中双击"位图"选项，再在打开的"选择位图图像文件"对话框中选择配套素材"环境贴图 .jpg"图像文件，单击"打开"按钮。

（2）将环境贴图拖到材质球中。

打开材质编辑器，将"环境和效果"对话框中的环境贴图拖到一个未使用的材质球中，在弹出的"实例（副本）贴图"对话框中选中"实例"单选按钮，并单击"确定"按钮，然后将其命名为"环境"，如图 5-40 所示。

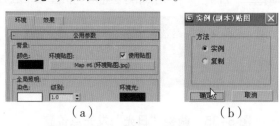

（a）　　　　　（b）

图 5-40　将环境贴图拖到材质球中

（3）设置"环境"参数。

在"环境"材质的"坐标"卷展栏中设置材质参数，如图 5-41 所示。

（4）添加"体积光"效果。

在"环境和效果"对话框的"大气"卷展栏中单击"添加"按钮，在打开的"添加大气效果"对话框中双击"体积光"选项，在"体积光参数"卷展栏中单击"拾取灯光"按钮，然后选取视图中的"台灯光"目标聚光灯，并设置"体积光"的参数，如图 5-42 所示。

图 5-41　设置"环境"材质参数

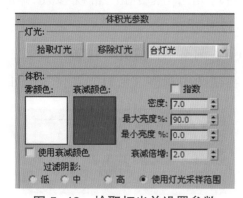

图 5-42　拾取灯光并设置参数

图 5-39　添加"台灯光"后的渲染效果

（5）渲染。

按〈F9〉键进行渲染，效果如图 5-43 所示。

图 5-43　渲染效果

必备知识

1. 摄影机

在制作三维动画时，一方面可以使用摄影机的透视功能观察物体内部的景物；另一方面可以使用摄影机记录场景的观察效果；此外，使用摄影机还可以非常方便地创建追踪和环游拍摄动画，以及模拟现实中的摄影特效。

使用摄影机视口可以调整摄影机，就像正在通过其镜头进行观看一样，这对于编辑几何体和设置渲染的场景非常有用。

下面将介绍 3ds Max 中摄影机的类型，以及创建摄影机和设置其参数的方法。

3ds Max 为用户提供了两种类型的摄影机：目标摄影机和自由摄影机。这两种摄影机具有不同的特点和用途，具体如下。

（1）目标摄影机：该摄影机类似于灯光中带有目标点的灯光，它由摄影机图标、目标点和观察区等 3 部分构成，如图 5-44 和图 5-45 所示。使用时，用户可分别调整摄影机图标和目标点的位置，容易定位，该摄影机适合拍摄静止画面、追踪跟随动画等大多数场景。其缺点是，当摄影机图标无限接近目标或处于目标点正上方或正下方时，摄影机将发生翻转，拍摄画面不稳定。

图 5-44　摄影机图标

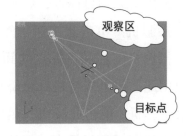

图 5-45　摄影机的观察区和目标

（2）自由摄影机：该摄影机类似于灯光中无目标点的灯光，只能通过移动和旋转摄影机图标来控制摄影机的位置和观察角度。其优点是，不受目标点的影响，拍摄画面稳定，适用于对拍摄画面有固定要求的动画场景。

2. 创建摄影机

目标摄影机的创建方法与目标灯光类似，单击"摄影机"创建面板中的"目标"按钮，然后在视图中单击并按住鼠标左键不放拖动到适当位置后释放，确定摄影机图标和目标点的位置，即可创建一个目标摄影机，如图 5-46 所示。

　　单击"摄影机"创建面板中的"自由"按钮，然后在视图中单击，即可创建一个拍摄方向垂直于当前视图的自由摄影机（在透视图中单击时，将创建一个拍摄方向垂直向下的自由摄影机），如图5-47所示。

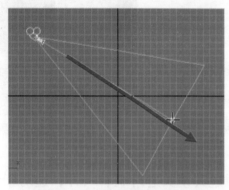

图5-46　创建目标摄影机

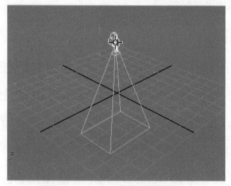

图5-47　创建自由摄影机

　　创建完摄影机后，按〈C〉键可将当前视图切换为摄影机视图。此时使用3ds Max窗口左下角视图控制区中的工具可调整摄影机视图的观察效果，具体如下。

　　（1）推拉摄影机：单击此按钮，然后在摄影机视图中拖动光标，可使摄影机图标靠近或远离拍摄对象，以缩小或增大摄影机的观察范围。

　　（2）视野：单击此按钮，然后在摄影机视图中拖动光标，可缩小或放大摄影机的观察区。由于摄影机图标和目标点的位置不变，因此，使用该工具调整观察视野时，容易造成观察对象的视觉变形。

　　（3）平移摄影机：单击此按钮，然后在摄影机视图中拖动光标，可沿摄影机视图所在的平面平移摄影机图标和目标点，以平移摄影机的观察视野。

　　（4）环游摄影机：单击此按钮，然后在摄影机视图中拖动光标，可使摄影机图标绕目标点旋转（摄影机图标和目标点的间距保持不变）。按住此按钮不放会弹出"摇移摄影机"按钮，使用此按钮可以将目标点绕摄影机图标旋转。

　　（5）侧滚摄影机：单击此按钮，然后在摄影机视图中拖动光标，可使摄影机图标绕自身Z轴（即摄影机图标和目标点的连线）旋转。

3. 摄影机重要参数

　　选中摄影机图标后，在"修改"面板中将显示出摄影机的参数，各参数作用如下。

　　（1）镜头：显示和调整摄影机镜头的焦距。

　　（2）视野：显示和调整摄影机的视角（左侧按钮设置为↔、↕或↗时，"视野"微调框显示和调整的分别为摄影机观察区水平方向、垂直方向和对角方向的角度）。

　　（3）正交投影：勾选此复选框后，摄影机无法移动到物体内部进行观察，且渲染时无法使用大气效果。

（4）备用镜头：单击该选项区域中任一按钮，即可将摄影机的镜头和视野设置为该备用镜头的焦距和视野。需要注意的是，小焦距多用于制作鱼眼的夸张效果，大焦距多用于观测较远的景物，以保证物体不变形。

（5）类型：该下拉列表框用于转换摄影机的类型，目标摄影机转换为自由摄影机后，摄影机的目标点动画将会丢失。

（6）显示地平线：勾选此复选框后，在摄影机视图中将显示出一条黑色的直线，表示远处的地平线。

（7）环境范围：该选项区域中的参数用于设置摄影机观察区中出现大气效果的范围。"近距范围"和"远距范围"表示大气效果的出现位置和结束位置与摄影机图标的距离（勾选"显示"复选框时，在摄影机的观察区中将显示出表示该范围的线框）。

（8）剪切平面：该选项区域中的参数用于设置摄影机视图中显示哪一范围的对象，常使用此功能观察物体内部的场景。勾选"手动剪切"复选框可开启此功能，使用"远距剪切"和"近距剪切"微调框可设置远距剪切平面和近距剪切平面与摄影机图标的距离，如图5-48所示。

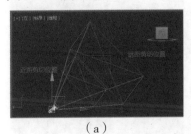 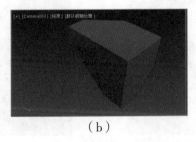 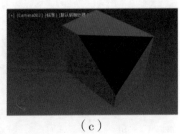

（a） （b） （c）

图5-48　剪切平面及剪切前、后摄影机视图的效果
（a）剪切位置；（b）远距剪切在模型上；（c）近距剪切在模型上

（9）多过程效果：该选项区域中的参数用于设置渲染时是否对场景进行多次偏移渲染，以产生景深或运动模糊的摄影特效。勾选"启用"复选框可开启此功能；下方的"效果"下拉列表框用于设置所用的多过程效果（选择某一效果后，在"修改"面板中将显示出该效果的参数，默认选择"景深"选项）。

（10）目标距离：该微调框用于显示和设置目标点与摄影机图标之间的距离。

任务拓展

制作山洞景深效果

【步骤1】创建目标摄影机。

打开素材"山洞模型.max"文件，单击"摄影机"创建面板中的"目标"按钮，然后在顶视图中单击并按住鼠标左键拖动到适当位置，创建一个目标摄影机，如图5-49所示。

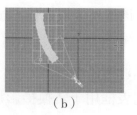

（a）　　　　　　　　　（b）

图 5-49　创建一个目标摄影机

【步骤 2】切换视图，观察效果。

单击透视图，然后按〈C〉键，将透视图切换为 Camera01 视图，此时 Camera01 视图的观察效果如图 5-50 所示。

【步骤 3】推拉摄影机。

单击视图控制区中的"推拉摄影机 + 目标点" 按钮（若视图控制区中无此按钮，可按住"推拉摄影机"按钮或"推拉目标"按钮，从弹出的按钮列表中选择该按钮），然后在摄影机视图中单击并向上拖动光标，使摄影机图标和目标点同时向拍摄对象靠近，如图 5-51 所示。

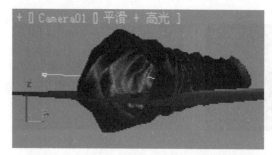
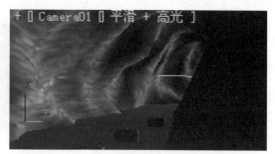

图 5-50　Camera01 视图的观察效果　　　　图 5-51　推拉摄影机图标和目标点

【步骤 4】平移摄影机，调整摄影机的视野。

单击视图控制区中的"平移摄影机" 按钮，然后在摄影机视图中单击并向右拖动光标，将摄影机整体向左移动一定的距离，如图 5-52 所示。单击视图控制区中的"视野" 按钮，然后在摄影机视图中单击并向上拖动光标，增大摄影机观察区的角度，如图 5-53 所示。

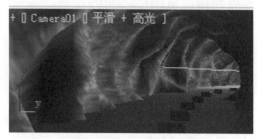
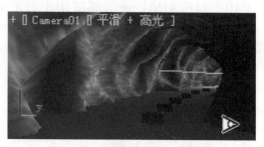

图 5-52　平移摄影机　　　　　　　　图 5-53　调整摄影机的视野

【步骤 5】调整视野效果。

单击视图控制区中的"环游摄影机" 按钮，然后在摄影机视图中单击并拖动光标，使摄影机图标绕目标点旋转一定的角度，以调整摄影机的观察角度，最终效果如图 5-54 所示。至此就完成了摄影机观察视野的调整。

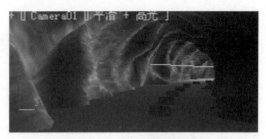

图 5-54 调整视野效果

【步骤 6】开启景深效果。

单击摄影机图标，然后勾选"修改"面板"参数"卷展栏"多过程效果"选项区域中的"启用"复选框，开启摄影机的多过程效果；再设置摄影机当前使用的多过程效果为"景深"，如图 5-55（a）所示。

打开"景深参数"卷展栏，取消勾选"焦点深度"选项区域中的"使用目标距离"复选框，然后设置"焦点深度"为 400；再在"采样"选项区域中设置"过程总数"为 20，"采样半径"为 2.5，"采样偏移"为 0.75，完成景深参数的设置，如图 5-55（b）所示。

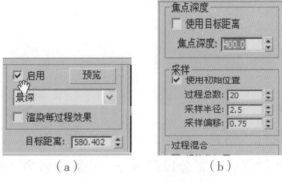

（a）　　　　　　　　（b）

图 5-55 景深参数设置

【步骤 7】渲染。

按〈F9〉键进行渲染，最终效果如图 5-56 所示。

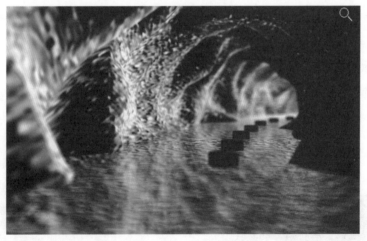

图 5-56 最终效果

任务3   制作电话亭效果

任务分析

在效果图制作中，一般将镜头的焦距设置为 28~35 mm，以使建筑物有较强的透视效果，而又不产生明显的变形。此外，平行光总是像太阳一样向一个方向投射平行光线，所以在 3ds Max 中平行光主要用来模拟太阳，产生阴影。本任务通过为电话亭设置灯光及摄影机效果，来进一步学习灯光与摄影机的应用方法。

首先为电话亭模型添加地面和墙面平面，其次创建摄影机和灯光，最后为模型添加材质并渲染。

任务实施

1. 创建摄影机

（1）绘制地面和墙壁。

打开电话亭模型，执行"创建"→"几何体"→"平面"命令，分别在顶视图和前视图中绘制一个平面，并设置长、宽分段数为 1，分别命名为"地面"和"墙壁"，将其旋转到适当的位置，效果如图 5-57 所示。

（2）设置渲染输出。

执行"渲染"→"渲染设置"命令，打开"渲染设置"对话框，在"公用"选项卡中的"公用参数"卷展栏中，设置"宽度"为 600、"高度"为 800（设置渲染输出图像的宽度和高度）。

（3）创建目标摄影机。

将透视图设置为活动视口，按〈Shift+F〉组合键，显示透视图的安全框。执行"创建"→"摄影机"→"目标"命令，在顶视图中创建一个目标摄影机，如图 5-58 所示。

图 5-57   地面和墙壁的效果

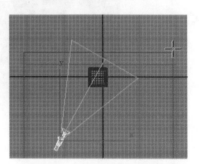

图 5-58   创建目标摄影机

（4）在前视图中调整摄影机位置。

单击透视图，然后按〈C〉键，切换到摄影机视图（该操作的目的是方便观察摄影机调整效果，在操作中，用户可边调整摄影机，边在摄影机视图中观察调整效果），然后在前视图中调整摄影机和目标点的位置，如图 5-59 所示。

选中摄影机，在"修改"面板的"参数"卷展栏中设置"镜头"为 35 mm，如图 5-60 所示。

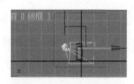

图 5-59　在前视图中调整摄影机和目标点的位置

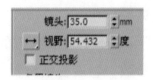

图 5-60　设置镜头

（5）调整摄影机位置。

在顶视图中选中摄影机，沿 X 轴和 Y 轴移动摄影机的位置，再适当调整目标点的位置，如图 5-61 所示。此时在摄影机视图得到图 5-62 所示的效果，摄影机创建成功。

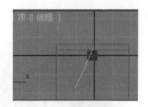

图 5-61　在顶视图中调整摄影机和目标点的位置

图 5-62　摄影机创建效果

2. 创建灯光

（1）创建天光并设置高级照明方式。

执行"创建"→"灯光"→"标准"→"天光"命令，在视图中单击创建天光，如图 5-63（a）所示，然后在"修改"面板"参数"卷展栏中设置"天光"的"倍增"值为0.6。

执行"渲染"→"光跟踪器"命令，此时当前的高级照明方式自动指定为"光跟踪器"，这里将"光线/采样数"设置为 90，如图 5-63（b）所示。

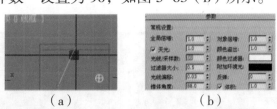

（a）　　　　　　　　　　（b）

图 5-63　创建天光并设置高级照明方式

（2）创建主光。

执行"创建"→"灯光"→"标准"→"目标平行光"命令，在视图中拖动光标创建目标平行光，将其作为投影灯光，然后在顶视图和前视图中调整天光和目标平行光的位置，如图 5-64 所示。

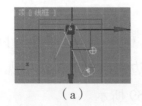 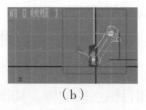

（a）　　　　　　　　　　　　（b）

图 5-64　创建目标平行光并设置参数调整灯光位置

（3）设置平行光参数。

选中目标平行光，在"修改"面板的"常规参数"卷展栏下勾选"阴影"选项区域中的"启用"复选框，并在下方的下拉列表框中选择阴影类型为"光线跟踪阴影"，然后在"平行光参数"卷展栏中设置"聚光区 / 光束"为 88、"衰减区 / 区域"为 270，如图 5-65 所示。

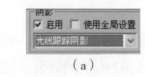 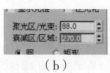

（a）　　　　　　　　　　　　（b）

图 5-65　设置平行光参数

（4）渲染。

按〈F9〉键渲染场景，效果如图 5-66 所示。

图 5-66　渲染效果

必备知识

在 3ds Max 中实现物体发光效果的方式有很多，其中最简单的方法就是为模型添加镜头光晕效果。

镜头光晕可以模拟通过使用真实的摄像机镜头或滤镜而得到的灯光效果。

1. 添加镜头效果

执行"渲染"—"环境与效果"命令，打开"环境与效果"对话框，单击"添加"按钮，打开"添加效果"对话框，选择"镜头效果"，单击"确定"按钮后即可添加镜头效果，如图 5-67 所示。

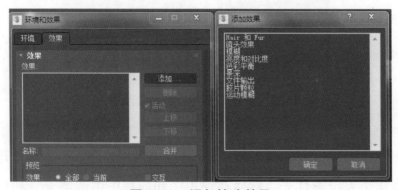

图 5-67　添加镜头效果

2. 镜头效果类型

镜头效果包括光晕（Glow）、光环（Ring）、射线（Ray）、自动二级光斑（Auto Secondary）、手动二级光斑（Manual Secondary）、星形（Star）、条纹（Streak）等7种类型。使用时，选择效果后单击"＞"按钮即可，如图 5-68 和图 5-69 所示。

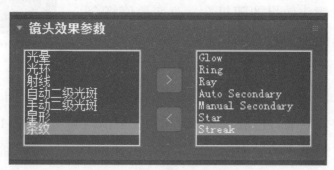

图 5-68　镜头效果类型

光晕效果　　　　　　　　光环效果　　　　　　　　射线效果

自动二级光斑效果　　　手动二级光斑效果　　　　星形效果

图 5-69　不同的镜头效果

3. "镜头效果全局"卷展栏

如图 5-70 所示，"镜头效果全局"卷展栏各参数介绍如下。

（1）加载：用来载入使用以前保存的镜头效果参数设置。保存镜头效果参数设置的文件是以 LZV 为扩展名的文件。

（2）保存：用来保存当前场景中的镜头效果设置，可以在以后通过载入来使用它。

（3）大小：设置应用镜头效果的尺寸大小占整个渲染图像的百分比值。

（4）强度：控制镜头效果的亮度和不透明度。值较大时，更亮更不透明；值较小时，比较暗、透明。

（5）种子：设置镜头效果的随机性。改变数值将会使效果的外观发生细微的变化。

图 5-70   "镜头效果全局"卷展栏

（6）角度：设置效果以默认位置旋转的角度。

（7）挤压：设置镜头效果的挤压尺寸。当取正值时，在水平方向上拉伸效果；取负值时，在垂直方向上拉伸效果。它是一个百分比值，取值范围为 –100~100。

（8）拾取灯光：用来在场景中拾取应用镜头效果的灯光，可以通过打开"选择对象"对话框来拾取多个灯光。

（9）移除：把应用在灯光上的镜头效果移去。

（10）下拉列表框：显示或选择应用镜头效果的灯光。

4."光晕元素"卷展栏

当选择不同镜头效果时，此面板会根据用户所选择的镜头效果，元素相应发生变化，如图 5-71 所示。该卷展栏各参数介绍如下。

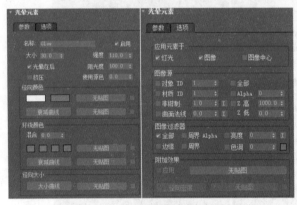

图 5-71   "光晕元素"卷展栏

（1）名称：显示效果的名称。使用镜头效果时，一个镜头效果实例下可以包含许多不同的效果。为了使这些效果组织有序，通常需要为效果命名，确保在更改参数时，可以将参数更改为正确的效果。

（2）启用：勾选该复选框将效果应用于渲染图像。

（3）大小：确定镜头效果的大小。

（4）强度：控制单个镜头效果的总体亮度和不透明度。值越大，镜头效果越亮越不透明，值越小，镜头效果越暗越透明。

（5）光晕在后：提供可以在场景中的对象后面显示的效果。

（6）阻光度：确定镜头效果场景阻光度参数对特定效果的影响程度。

（7）挤压：决定发光效果是否受到挤压。勾选该复选框后，将根据"挤压"微调器中"参数"面板下的"镜头效果全局"挤压效果。

（8）使用源色：将应用镜头效果的灯光或对象的源色与"径向颜色"或"环绕颜色"选项区域中设置的颜色或贴图混合。如果值为 0，只使用"径向颜色"或"环绕颜色"选项区域中设置的值，而如果值为 100，只使用灯光或对象的源色。其值 0 到 100 之间的任意值时将渲染源色和镜头效果的颜色参数之间的混合。

（9）径向颜色：该选项区域设置影响镜头效果的内部颜色和外部颜色。可以通过设置色样，设置镜头效果的内部颜色和外部颜色。也可以使用渐变位图或细胞位图等确定径向颜色。

衰减曲线：显示"径向衰减"对话框，在该对话框中可以设置"径向颜色"选项区域中使用的颜色的权重。通过操纵"衰减曲线"，可以使镜头效果更多地使用颜色或贴图。可以使用贴图确定在使用灯光作为镜头效果光源时的衰减。

（10）环绕颜色：通过使用4种与镜头效果的4个四分之一圆匹配的不同色样确定镜头效果的环绕颜色。也可以使用贴图确定环绕颜色。

①混合：混合在"径向颜色"和"环绕颜色"中设置的颜色。如果将其值设置为0，将只使用"径向颜色"中设置的值，如果将其值设置为100，将只使用"环绕颜色"中设置的值。其值为0到100之间的任何值时将在两个值之间混合。

②衰减曲线：显示"环绕衰减"对话框，在该对话框中可以设置"环绕颜色"中使用的颜色的权重。通过操纵"衰减曲线"，可以使镜头效果更多地使用颜色或贴图。可以使用贴图确定在使用灯光作为镜头效果光源时的衰减。

（11）径向大小：确定围绕特定镜头效果的径向大小。

其他镜头效果的参数含义类似，不再阐述。

任务拓展

舞台灯光

舞台灯光设置

【步骤1】利用创建基本标准体下的"长方体"命令搭建一个舞台场景，如图5-72所示。

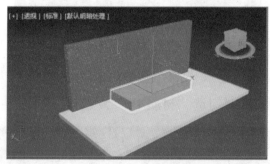

图5-72　创建舞台

【步骤2】执行创建图形下的"文本"命令，输入文字"国富民强"，选择一种字体，在前视图中单击创建文本，修改文本位置和大小，修改文本"渲染"参数，勾选"在渲染中启用"和"在视口中启用"复选框，选中"径向"单选按钮，设置"厚度"为2，如图5-73所示。

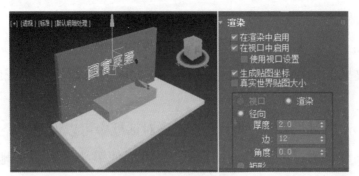

图 5-73　创建文本

【步骤3】按〈8〉键打开"环境与效果"对话框，在"效果"选项卡中单击"添加"按钮，在"添加效果"对话框中选择"镜头效果"后单击"确定"按钮，如图 5-74 所示。

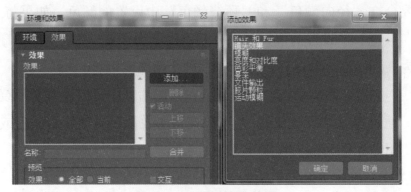

图 5-74　添加镜头效果

【步骤4】在"镜头效果参数"中选择"光晕"后，单击">"按钮添加光晕效果，如图 5-75 所示。

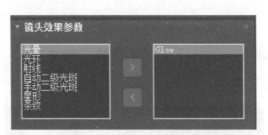

图 5-75　添加光晕效果

【步骤5】在"光晕元素"卷展栏的"参数"选项卡中设置大小和强度，为光晕设置一种颜色。在"选项"选项卡中勾选"材质 ID"复选框，如图 5-76 所示。

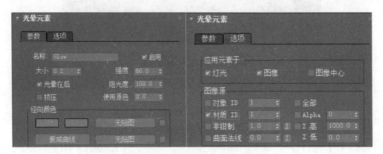

图 5-76　调整光晕参数

【步骤6】打开"材质编辑器"窗口，选择一个材质球，修改材质ID通道为"1"，将材质指定给"文本"模型，渲染观察效果，如图5-77所示。

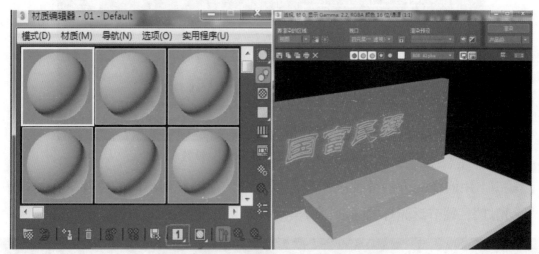

图5-77 设置材质通道及渲染效果

【步骤7】在前视图中创建一盏"目标聚光灯"，修改灯光参数，在"常规参数"卷展栏中启用阴影，在"高级效果"卷展栏的"投影贴图"选项区域中添加一个位图贴图，如图5-78所示。

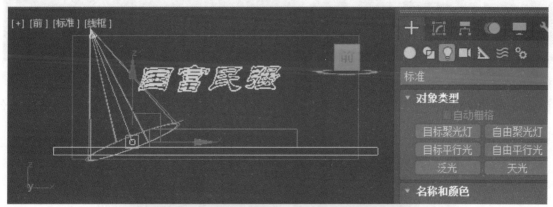

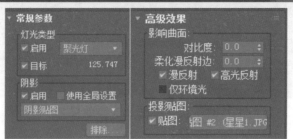

图5-78 创建聚光灯

【步骤8】继续修改聚光灯参数，在"大气和效果"卷展栏中添加"体积光"效果，设置"体积光"参数，修改"雾颜色"和"密度"等参数，如图5-79所示。

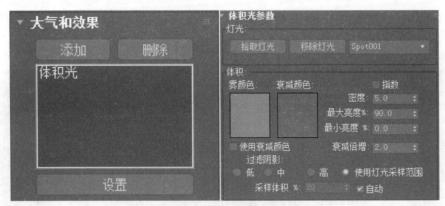

图 5-79   设置"体积光"参数

【步骤 9】用同样的方法继续添加多盏聚光灯，并摆放到不同的位置。在场景中添加一盏"泛光灯"，调节泛光灯的强度，渲染观察效果，如图 5-80 所示。

图 5-80   渲染效果 1

【步骤 10】继续调整聚光灯的参数，逐一选择每盏聚光灯，调整聚光灯参数，勾选"显示光锥"和"泛光化"复选框。渲染后观察效果，如图 5-81 所示。

图 5-81   设置参数及渲染效果 2

|||||||||||||||||||||||||||||||| **项目总结** ||||||||||||||||||||||||||||||||

灯光与摄影机是三维建模中两个重要的组成部分，其本身不能被渲染，但在表现场景、气氛、动作和构图等方面发挥着重要作用。

一般情况下主光选择目标聚光灯或目标平行光。主光一般用灯模拟太阳光，让物体产生阴影，所以主光的阴影一般都是开启的。在顶视图中主光一般和摄影机成90°夹角，在前视图中，主光一般与地面成45°夹角。

摄影机的目标点和摄影机如果在一条平行线上称为平视。平视物体时，能真实地反应物体的长、宽、高；如果目标点在摄影机之上称为仰视；如果目标点在摄影机之下称为俯视。俯视和仰视物体时，物体都会有一定的变形。

项目评价

在本项目中，学习了3ds Max中灯光和摄影机的相关操作，请完成表5-1。

表5-1 项目评价表

评价项目	等级			
	很满意	满意	还可以	不满意
任务完成情况				
布光的完成情况				
架设及调试摄影机的掌握情况				
针对出现问题能及时调试情况				

实战强化

制作一个舞台彩灯效果

提示：

（1）使用Photoshop软件制作灯光影图案，如图5-82所示。

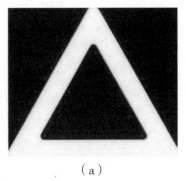 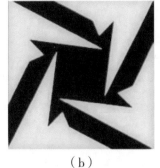 

（a）　　　　　　　　（b）　　　　　　　　（c）

图5-82 灯光影图案

（2）首先创建灯座模型，然后在灯座处创建目标聚光灯。在"强度／颜色／衰减"卷展栏中设置颜色（如红色），在"高级效果"卷展栏中设置"投影贴图"，指定一个位图（如图 5-82 中的某一图案），在"大气和效果"卷展栏中添加"体积光"。

（3）体积光参数设置。设置雾颜色为白色、衰减颜色为黑色，密度、最大亮度、最小亮度、衰减倍增自行设置，并渲染观察效果。

（4）使用同样的方法创建其他的灯光并设置相关参数，即可得到图 5-83 所示的最终效果。

图 5-83　最终效果

项目6

环境与
特效

6

　　3ds Max 提供了丰富的环境效果，可以实现天空、火焰、体积光等效果，以增强场景的渲染气氛，这样就可以使场景看上去更加真实，具有感染力。本项目将通过 3 个案例，使读者熟练掌握体积雾的使用方法，并了解其主要参数的含义。

任务1　制作山间云雾

任务分析

　　本任务主要是使用 3ds Max 自带的大气特效来实现的，对环境编辑器中的体积雾参数进行设置，如果要达到动态效果，还需要对时间轴进行配置。

任务实施

1. 创建平面

　　启动 3ds Max，执行"文件"→"重置"命令，将新建的文档重置。在顶视图中创建一个尺寸为 500 cm×500 cm 的平面，并设置"长度分段"为 100，"宽度分段"为 100，如图 6-1 所示。

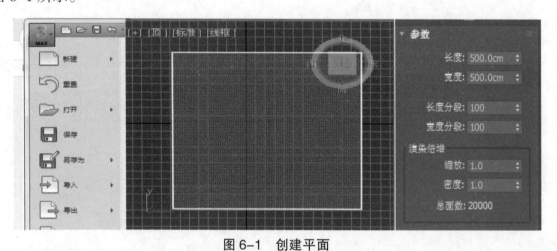

图 6-1　创建平面

2. 添加修改器

　　选择平面，在修改器中添加"置换"修改器，在修改器中将"置换"选项区域中的"强度"设置为 25，在"图像"选项区域中单击"贴图"按钮，打开"材质 / 贴图浏览器"对话框，选择"噪波"选项后，单击"确定"按钮，如图 6-2 所示。

（a）　　　　　　（b）　　　　　　（c）

图 6-2　添加修改器

3. 修改噪波参数

按〈M〉键打开材质编辑器，将贴图中的噪波拖曳到材质编辑器中，在弹出的对话框中选择"实例"选项，这时会将噪波贴图赋予第一个材质球，在噪波材质中设置其参数。在材质编辑器中设置噪波参数。查看"大小"对山峰形状的影响，可以自己调这个数值来观察，当值越小时，山峰形状表现得越细碎，当值越大时，山峰形状表现较平缓。选中"分形"单选按钮，山峰将会表现出更多的细节。设置"高""低""输出量"，参数如图 6-3 所示。

4. 为山峰添加材质

在材质编辑器中选择第二个材质球，并将材质赋予山峰模型，在"贴图"卷展栏中为漫反射添加"凹痕"贴图，在凹痕材质中设置"大小""强度"等参数，设置"颜色 1"和"颜色 2"使山体呈现两种不同的颜色效果，渲染后观察效果，如图 6-4 所示。

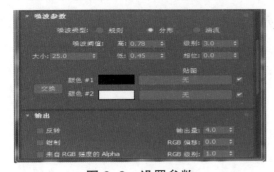 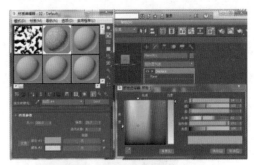

图 6-3　设置参数　　　　　　　　　图 6-4　为山峰添加材质

5. 创建大气装置

单击"创建"面板中的"辅助对象"按钮，显示辅助对象工具，在"标准"下拉列表框中选择"大气装置"选项，在"对象类型"卷展栏中单击"球体 Gizmo"按钮，在顶视图中创建一个球体大气装置，如图 6-5 所示。

（a）　　　　　　（b）　　　　　　（c）

图 6-5　添加大气装置

6. 调整大气装置

　　选择大气装置，切换到"修改"面板，设置大气装置的"半径"为500，勾选"半球"复选框，并在各个视图中调整大气装置的位置，如图6-6所示。

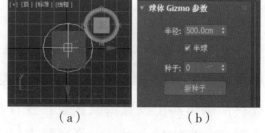

（a）　　　　　　（b）

图 6-6　修改大气装置参数

7. 添加体积雾

　　执行"渲染"→"环境"命令，打开"环境和效果"对话框。在"大气"卷展栏中单击"添加"按钮，在打开的"添加大气效果"对话框中选择"体积雾"选项，单击"确定"按钮添加一个体积雾，在"体积雾参数"卷展栏中勾选"指数"复选框，将"密度"设置为32，"步长大小"设置为3.8，"最大步数"设置为100，勾选"雾化背景"复选框，如图6-7所示。

8. 设置大气装置

　　单击"拾取 Gizmo"按钮，在视图中选择创建的大气装置，将其作为创建体积雾的载体，在"噪波"选项区域中选中"分形"单选按钮，将"高"设置为0.3，"低"设置为0.2，"均匀性"设置为 –0.02，"级别"设置为4，"大小"设置为20。在"风力来源"选项区域中选中"左"单选按钮，将"风力强度"设置为12，如图6-8所示。

图 6-7　添加体积雾

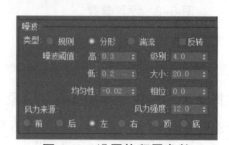

图 6-8　设置体积雾参数

9. 设置动画

在动画控制区域中添加动画，单击"自动关键点"按钮，将时间滑块拖动到第0帧，将"相位"设置为−1。将时间滑块拖动到第100帧，将"相位"设置为4，单击"自动关键点"按钮，完成山间云雾的运动动画，如图6-9和图6-10所示。

图6-9　动画控制面板

（a）

（b）

图6-10　相位设置

10. 动画视频格式设置

在动画控制区域中单击"时间配置"按钮，在打开的"时间配置"对话框中选中"帧速率"选项区域中的PAL单选按钮，如图6-11所示。

（a）　　　　　　　　　　（b）

图6-11　视频格式设置

11. 生成动画效果

执行菜单栏中的"渲染"→"渲染设置"命令，弹出"渲染设置"对话框，在"时间输出"选项区域中选中"范围"单选按钮，在"渲染输出"选项区域中勾选"保存文件"复选框，单击"文件"按钮设置输出文件的位置和格式，最后单击"渲染"按钮，渲染效果如图 6-12 所示。

图 6-12　渲染效果

必备知识

1. 动画基础

3ds Max 不仅可以制作优美的三维模型，还可以制作三维动画效果，广泛应用于影视制作、广告、游戏等行业。

在动画制作过程中首先要理解什么是关键帧和动画原理，所谓动画，就是以人的视觉为基础，当多个静态图像连续运动时会在人的视觉中产生动画效果，其中每一个单独的图像称为关键帧，3ds Max 动画原理是创建记录每个动画序列的起点和终点的关键帧，这些关键帧的值称为关键点。3ds Max 将计算各个关键点之间的插补值，从而生成完整动画。

在 3ds Max 中创建关键帧的方法有自动关键帧和设置关键帧。启动自动关键帧后，时间滑块和活动视窗边框都变成红色以指示处于动画模式，如创建一个茶壶移动的动画，可以在场景中创建一个茶壶模型，启动自动关键帧，拨动时间滑块到 100 帧，使用移动工具将茶壶移动到其他位置，可以发现在第 0 帧和第 100 帧的位置生成了两个关键帧，分别表示茶壶的起始位置和移动之后的位置，中间的动画则由软件自动生成。设置关键帧又称为手动关键帧，只有单击"设置关键点"按钮后才会产生关键帧，而自动关键帧只要改变了时间和对象属性，就会自动产生关键帧。

3ds Max 制作动画时需要进行一些基本的设置或操作。

（1）时间配置。

单击"时间配置" 按钮，可以对时间进行精确的控制，其中包括时间的测量和显示方式，活动时间的长度及动画的每个渲染帧涉及的时间长度。

由于 3ds Max 软件是由美国生产的，因此默认使用 NTSC 制式，而在我国大陆使用的是 PAL 制式，所以国内使用时一般会将"帧速率"设置为 PAL，默认的 NTSC 的帧速率为 30，PAL 的帧速率为 25，所以当"帧速率"设置为 PAL 时，根据帧速率的换算关系，

100 帧的时间长度变成了 83 帧，如图 6-13 所示。

（2）轨迹视图。

单击"轨迹视图" 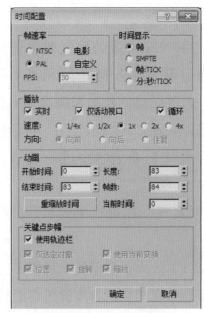 按钮可以打开"轨迹视图"对话框，它使用两种不同的模式："曲线编辑器"和"摄影表"。"曲线编辑器"模式可以将动画显示为功能曲线；"摄影表"模式可以将动画显示为关键点和范围的电子表格，关键点是带颜色的代码，便于辨认。轨迹视图中的一些功能，如移动和删除关键点，也可以在时间滑块附件的轨迹栏上得到，还可以展开轨迹栏显示曲线。通过轨迹视图中的工具栏，可以方便地修改轨迹，如图 6-14 所示。

图 6-13　时间配置

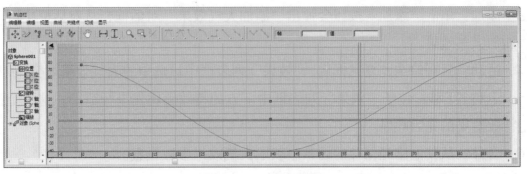

图 6-14　轨迹视图

制作一个小球下落后弹回的动画，默认情况下生成图 6-14 的效果，它反映的是小球下落时速度由慢变快，接近地面时又变慢，反弹时相反，显然这不符合实际情况，通过工具栏可以轻松修改成实际的效果曲线，如图 6-15 所示。

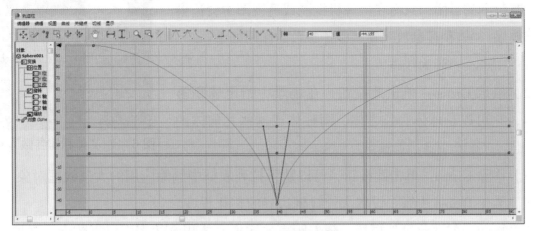

图 6-15　实际的效果曲线

3ds Max 的动画功能是比较强大的，在这里不做赘述。

2. 大气效果

　　3ds Max 自带的大气效果包括火效果、雾、体积雾和体积光 4 种类型，大气效果的添加和删除等编辑工具都需要在"环境和效果"对话框中的"大气"卷展栏中进行设置，如图 6-16 所示。

（a）　　　　　　　　（b）

图 6-16　环境与效果

　　"大气"卷展栏主要参数的作用如下：

　　（1）效果：用于显示场景中已经添加的大气效果，在效果中选择一种大气效果后，在下面会出现相应的参数设置卷展栏。

　　（2）名称：在此文本框中可以为已经添加的大气效果重新命名。

　　（3）添加：单击"添加"按钮会弹出"添加大气效果"对话框，从对话框中可以选择需要添加的大气效果。

　　（4）活动：只有勾选此复选框后，"效果"列表框中被选中的大气效果才会生效。

　　（5）上移/下移：位于"效果"列表框中下方的特效会优先进行渲染，这两个按钮用于决定特效渲染的先后顺序。

　　（6）合并：从其他已经保存的场景中获取大气效果参数设置。

　　"体积雾参数"卷展栏如图 6-17 所示。

　　体积雾特效可以在场景中生成密度不均匀的三维云团，有专门的噪声控制参数，可以控制风的速度和云雾运动的速度。体积雾不但可以用于整个场景，还可以通过使用线框对象产生有范围的云团，只有在摄像机视图或透视图中会渲染体积雾效果，"体积雾参数"卷展栏各参数的作用如下。

　　（1）Gizmos：译为线框。

　　（2）拾取 Gizmo：单击此按钮，在场景中指定体积雾的载体，它可以是球体、长方体、圆柱体或这些几何体的组合。

图 6-17　"体积雾参数"卷展栏

　　（3）移除 Gizmo：单击此按钮，可以从下拉列表框中删除应用的大气线框对象。

　　（4）柔化 Gizmo 边缘：设置大气线框边界的柔化程度。

　　（5）指数：勾选此复选框后，随着距离的增加，体积雾的密度以指数方式增加；未被勾选时，体积雾的密度以线性方式增加。

（6）密度：用于设置体积雾的密度，数值越大密度越大。

（7）步长大小：设置体积雾的样本颗粒尺寸，数值越小效果越好。

（8）最大步数：用于限制体积雾采用总数。

（9）类型：规则——产生标准的噪波图案；分形——迭代分形噪波图案；湍流——迭代湍流图案。

（10）反转：勾选此复选框后可以将噪波的效果反向。

（11）噪波阈值：限制噪波的影响，当噪波值在最高阈值和最低阈值之间时，生成的体积雾密度过渡比较平稳。

（12）高 / 低：用于设置最高阈值和最低阈值。

（13）均匀性：此参数的作用如同一个滤镜，较小的数值会使体积雾看起来更加不透明，包含分散的烟雾泡。

（14）级别：设置分形计算的迭代次数，数值越大体积雾效果越精细。

（15）大小：设置雾块的大小。

（16）相位：用于控制风的种子。如果"风力强度"设置值大于 0，体积雾会根据风向产生动画。如果没有"风力强度"，体积雾将在原处涡流。

（17）风力强度：设置体积雾沿着风的方向移动的速度。

（18）风力来源：选择风的方向，提供前、后、左、右、顶、底 6 种风力的方向。

任务拓展

制作新闻联播动画

制作新闻联播

【步骤 1】启动 3ds Max，在顶视图中创建一个球体并命名为"地球"，半径为 500 mm，使用缩放工具调整球体的大小。

【步骤 2】为地球模型添加材质。打开材质编辑器，选择第一个材质球，在"Blinn 基本参数"卷展栏中，单击"漫反射"后的贴图按钮，在打开的贴图面板中选择"位图"选项，打开素材中的"地图"图片，并将材质赋给地球模型，如图 6-18 所示。

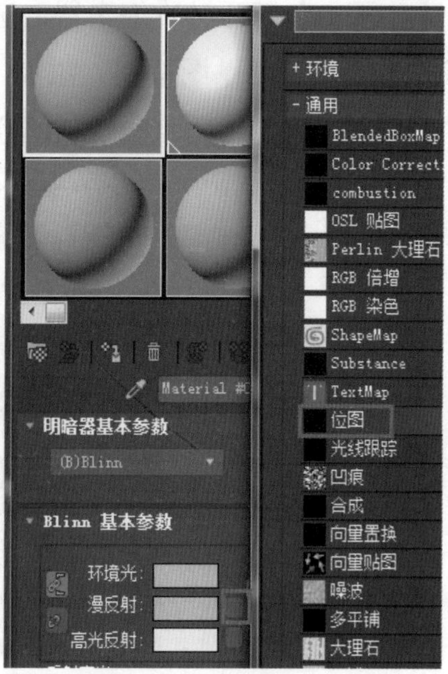

【步骤 3】打开新建图形面板，选择"文本"选项，设置字体为"黑体"，大小为 100 mm，在文本框中输入"新闻联播"，在前视图中单击，适当调整文本的大小与位置。

图 6-18　设置地球材质

【步骤4】选择文本，为其添加"倒角"修改器，其参数如图6-19所示。

【步骤5】为"新闻联播"制作"金色"材质，漫反射颜色设置为黄色，设置"高光级别"为80、"光泽度"为24，如图6-20所示。

图6-19　文本倒角设置参数

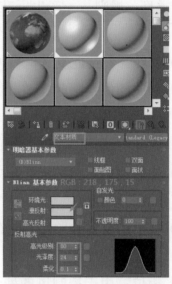

图6-20　文本材质设置

【步骤6】选中"新闻联播"模型，执行"编辑"→"克隆"命令，在弹出的对话框中选择"复制"命令，再复制一份文本。在顶视图中将副本文字移动到原文本后面，在其"倒角"修改器上右击，在弹出的快捷菜单中选择"删除"选项，将"倒角"修改器删除。

【步骤7】为"新闻联播"副本添加"挤出"修改器，取消勾选"封口始端"和"封口末端"复选框，"数量"参数暂不设置，在动画中设置。

【步骤8】打开材质编辑器，选择第三个材质球，将漫反射颜色设置为浅黄色，单击"不透明度"后的贴图按钮，添加"渐变"贴图，渐变颜色为"黑，黑，灰"，"颜色2位置"为0.9，将此材质赋给"新闻联播"副本，如图6-21所示。

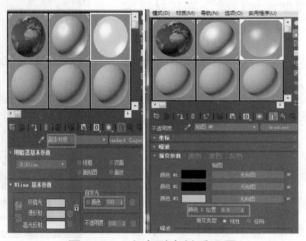

图6-21　文本副本材质设置

【步骤 9】设置时间配置。将视频格式设置为"PAL"，"结束时间"设置为150，其他采用默认值，如图6-22所示。

【步骤 10】设置地球旋转动画。选中地球模型，将时间滑块移动到第0帧，单击"自动关键点"按钮，单击"设置关键点"按钮，将时间滑块移动到最后一帧，使用旋转工具将地球模型旋转一周后单击"设置关键点"按钮，观察动画效果，地球就会旋转起来。

【步骤 11】选中"新闻联播"文字，将时间滑块移动到第0帧，使用移动工具将文字移动到地球模型上方一定高度，单击"设置关键点"按钮，将时间滑块移动到第65帧，使用

图 6-22　时间配置

移动工具将文字移动到地球模型正前方，单击"设置关键点"按钮。此时"新闻联播"文字移动动画完成。

【步骤 12】选中"新闻联播"副本，将时间滑块移动到第0帧，使用移动工具将文字副本移动到地球模型上方的一定高度与原文字重叠，单击"设置关键点"按钮。将时间滑块移动到第65帧，使用移动工具将文字副本移动到地球模型正前方，与原文字重叠，单击"设置关键点"按钮。将时间滑块移动到第66帧，在"挤出"面板中设置"数量"为10，单击"设置关键点"按钮。将时间滑块移动到第100帧，在"挤出"面板中设置"数量"为500，单击"设置关键点"按钮。将时间滑块移动到第150帧，在"挤出"面板中设置"数量"为10，单击"设置关键点"按钮。此时文字副本的动画效果设置完成。

【步骤 13】添加一盏自由灯光，调整其位置到文字前面，如图6-23所示。

【步骤 14】打开"环境和效果"对话框，将"背景"选项区域中的"颜色"设置为蓝色，如图6-24所示。

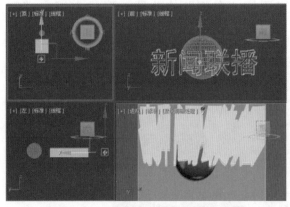

图 6-23　添加灯光并调整其位置

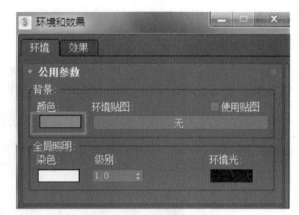

图 6-24　设置渲染背景

【步骤15】打开"渲染"菜单下的"渲染设置"对话框,将"时间输出"设置为"活动时间段",在输出文件中选择文件格式为avi,文件名为"新闻联播",设置完成后单击"渲染"按钮,如图6-25所示。

（a）　　　　　　　　　　（b）

图6-25　渲染设置与渲染效果
（a）渲染设置;（b）渲染效果

任务2　制作火炬

任务分析

　　3ds Max的火效果可以用于制作火焰、烟雾和爆炸等效果,本任务通过3ds Max内置大气效果制作火焰效果。

制作火炬

任务实施

1.制作火炬台

　　新建3ds Max文件,重置文件,单击新建图形面板,在卷展栏中单击"线"按钮,在前视图中绘制出火炬台的轮廓线,然后为样条线添加"车削"修改器,形成火炬台模型,如图6-26所示。

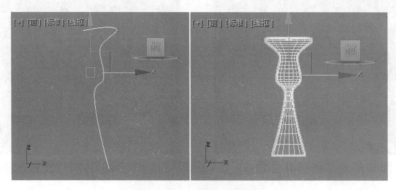

图6-26　制作火炬台

2. 制作火焰

单击"创建"面板中的"辅助对象"按钮，进入其"创建"面板，在下拉列表框中选择"大气装置"选项，在"对象类型"卷展栏中单击"球体"按钮，在视图中创建一球体框，选中这一球体框，打开"修改"面板，修改其半径，勾选"半球"复选框，拉伸其高度，并将它放置在火炬台的上部，如图6-27所示。

图 6-27 制作火焰

3. 设置火焰参数

选择"渲染"菜单下的"环境"选项，打开"环境和效果"对话框，在"效果"选项卡中单击"添加"按钮，在弹出的"添加大气效果"对话框中，选择"火效果"选项后，单击"确定"按钮。在"火效果参数"卷展栏中单击"拾取 Gizmo"按钮，在视图中单击火焰体积球，设置"火效果参数"，如图6-28所示。

(a)　　　　　　　　　　　　(b)

图 6-28 设置火焰参数

4. 添加墙体创建材质

在新建几何体中，选择"平面"选项，在左视图中创建一个平面，并调整平面的大小和位置。打开材质编辑器，为火炬台创建一个材质，设置"明暗器基本参数"为"金属"，漫反射颜色为深黄色，"高光级别"为80，"光泽度"为60。为墙体创建一个材质，为漫反射添加"平铺"贴图并设置贴图参数，"坐标"卷展栏中"瓷砖"的 U、V 均设置为5，"标准控制"卷展栏中的"图案设置"选项区域中的"预设类型"为"1/2连续砌合"，"高级控制"卷展栏的"平铺设置"选项区域中的纹理颜色为深红色。将设置好的材质指定给墙体模型，如图6-29所示。

（a）　　　　　　　　　　（b）

图6-29　添加材质

5. 添加灯光

单击"创建"面板中的"灯光"按钮，在下拉列表框中选择"光度学"选项，在"创建"面板中，单击"自由灯光"按钮，为场景增添自由灯光，调整灯光与火炬模型的位置，启动灯光阴影，如图6-30所示。

6. 渲染

选择透视图，调整火炬台与墙体的位置，执行"渲染"→"渲染"命令，进行渲染，其效果如图6-31所示。

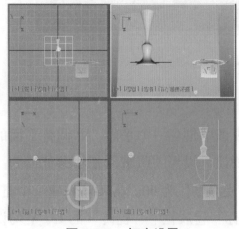

图6-30　灯光设置　　　　　　　　　**图6-31　火焰渲染效果**

必备知识

"火效果参数"卷展栏如图 6-32 所示，其中各选项的作用如下。

（1）拾取 Gizmo：单击该按钮进入拾取模式，然后在场景中，单击某个大气装置。在渲染时，装置会显示火焰效果，装置的名称将添加到装置下拉列表框中。

（2）移除 Gizmo：可将 Gizmo 下拉列表框中所选的 Gizmo 移除，注意 Gizmo 仍在场景中，不同的是，装置不再显示火焰效果。

（3）颜色：可以使用"颜色"选项区域中的色样为火焰不同部分设置属性，具体如下。

①内部颜色：这是效果中最密集部分的颜色，通常代表火焰中最热的部分。

②外部颜色：这是效果中最稀薄部分的颜色，通常代表火焰中较冷的散热边缘。

图 6-32 "火效果参数"卷展栏

③烟雾颜色：用于"爆炸"选项的烟雾颜色。

（4）图形：该选项区域中的选项可以进行控制火焰的形状、缩放和图案操作。

①火舌：可以创建类似篝火的火焰。

②火球：创建很适合爆炸效果的圆形火焰。

③拉伸：将火焰沿着装置的 z 轴缩放，"拉伸"设置为 0.5、1.0、3.0 时的效果如图 6-33 所示。

（a）　　（b）　　（c）

图 6-33 火焰拉伸效果
（a）"拉伸"设置为 0.5；（b）"拉伸"设置为 1.0；（c）"拉伸"设置为 3.0

④规则性：主要用于修改火焰填充装置的方式。如果设置为 1.0，则填满装置，在装置边缘附近效果衰减，但是总体形状仍然非常明显。如果设置为 0.0，则生成很不规则的效果，有时可能会到达装置的边界，但是通常会被修剪，而会小一些。"规则性"设置为 0.2、0.5、1.0 时的效果如图 6-34 所示。

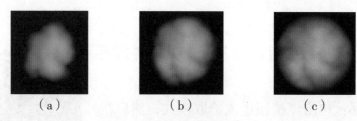

图6-34　火焰规则性效果
（a）"规则性"设置为0.2；（b）"规则性"设置为0.5；（c）"规则性"设置为1.0

（5）特性：火焰的大小和外观就是在"特性"选项区域中进行设置的。

①火焰大小：火焰的大小通常由装置的大小决定，装置越大，需要的火焰也越大，此选项的作用就是设置装置中各个火焰的大小。

②密度：此选项主要是火焰效果的不透明度和亮度的参数设置，"密度"设置为10、30、120时的效果如图6-35所示。

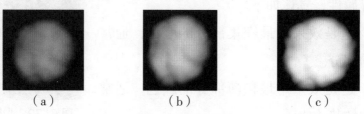

图6-35　火焰密度效果
（a）"密度"设置为10；（b）"密度"设置为30；（c）"密度"设置为120

③火焰细节：控制每个火焰中显示的颜色更改量和边缘尖锐度。该数值越高，火焰效果越清晰，渲染速度也越慢。"火焰细节"设置为1.0、2.0、5.0时的效果如图6-36所示。

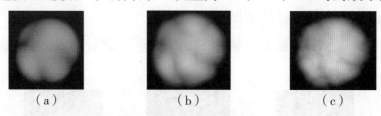

图6-36　火焰细节效果
（a）"火焰细节"设置为1.0；（b）"火焰细节"设置为2.0；（c）"火焰细节"设置为5.0

④采样：设置效果的采样率。该值越高，生成的效果越准确，渲染所需的时间也越短。

（6）动态：可以控制火焰效果。

①相位：控制更改火焰效果的速率。

②漂移：设置火焰沿着装置的z轴的渲染方式。燃烧较慢的冷火焰需把该值调低一些，燃烧较快的热火焰需把该值调高一些。

（7）爆炸：使用该选项区域中的参数可以自动设置爆炸动画。

①烟雾：控制爆炸是否产生烟雾。

②设置爆炸：单击该按钮，弹出"设置爆炸相位曲线"对话框，可输入开始时间和结

束时间。

③剧烈度：改变相位参数的涡流效果。

任务拓展

制作爆炸文字效果

制作爆炸文字效果

【步骤1】启动 3ds Max，单击"创建"面板中的"图形"按钮，在下拉列表框中选择"样条线"选项。在"对象类型"卷展栏中单击"文本"按钮，在视图中创建一文本信息"感冒"，同时，适当调整其大小和字型，如图 6-37 所示。

【步骤2】打开"修改"面板，选择"修改器列表"中的"倒角"选项，给文字增加立体效果，如图 6-38 所示。

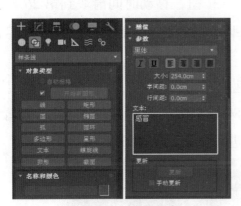

图 6-37　创建文字

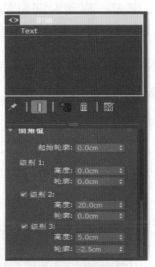

图 6-38　添加"倒角"修改器

【步骤3】单击"创建"面板中的"几何体"按钮，在下拉列表框中选择"扩展基本体"选项。在"对象类型"卷展栏中单击"胶囊"按钮，在视图中绘制一胶囊，并调整其位置，如图 6-39 所示。

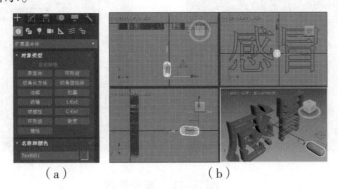

（a）　　　　　　　　　　（b）

图 6-39　胶囊模型

【步骤4】在新建面板中单击"扭曲空间"按钮，在下拉列表框中选择"几何/可变形"选项，在"对象类型"卷展栏中单击"爆炸"按钮，在场景中单击创建一爆炸装置，选择爆炸装置打开"修改"面板设置爆炸参数，如图6-40所示。

（a）

（b）

图6-40　添加爆炸装置并设置其参数

【步骤5】单击工具栏的"绑定到空间扭曲"按钮，拖动爆炸装置到文本上，将爆炸装置与文本绑定。拖动时间滑块观察爆炸效果。使用同样的方法再创建一个爆炸装置，并按上述方法设置爆炸参数。

　　将时间滑块移动到第1帧，单击"自动关键点"按钮，移动时间滑块到第26帧，在场景中将胶囊移动到文本中间位置，再次单击"自动关键点"按钮，将第二个爆炸装置绑定到胶囊上。

【步骤6】打开"时间配置"对话框，将"帧速率"设置为"PAL"，单击"确定"按钮。执行"渲染"→"渲染设置"命令，在打开的对话框中，将"活动时间段"设置为0到100，设置保存文件，输入文件名和格式类型后进行渲染，如图6-41所示。

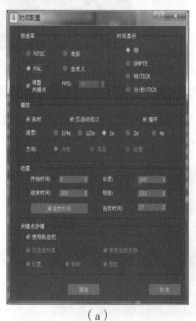
（a）

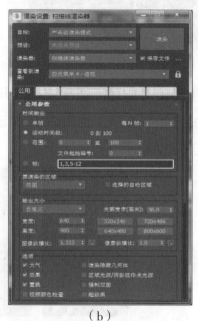
（b）

图6-41　渲染参数

任务3 制作喷泉效果

任务分析

粒子系统是三维计算机图形学中模拟一些特定的模糊现象的技术，粒子系统模拟的现象有火、爆炸、烟、水流、火花、落叶、云、雾、雪、尘、流星尾迹或者像发光轨迹这样的抽象视觉效果等，3ds Max 的粒子系统结合空间扭曲装置可以制作出上述现象，本任务通过 3ds Max 粒子系统和空间扭曲制造喷泉效果。

任务实施

喷泉制作 1

1. 制作喷泉底座与水面

（1）制作喷泉底座。

将单位设置成毫米，在前视图中执行"图形"→"线"命令，绘制底座截面图，选择侧边上的点，将它们转换为光滑点，在顶视图中绘制一个六边形，半径为 480 mm，选择六边形，执行"新建"→"复合对象"→"放样"命令，在"创建方法"卷展栏中单击"获取图形"按钮，在前视图中单击绘制的图形，得到喷泉的底座，使用缩放工具调整底座的高度，如图 6-42 所示。

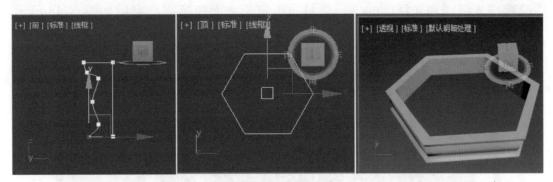

图 6-42 制作底座

在前视图中绘制一个如图 6-43（a）所示的图案，为图案添加"车削"修改器，调整车削的"对齐"参数为"最大"，得到如图 6-43（b）所示模型。新建切角圆柱体、圆柱体和半球体模型，将它们移动到模型的顶端、中间和底部，调整它们的大小比例并进行中心对齐，如图 6-43（c）所示。选择所有模型，执行"组"菜单下的"组"组命令将模型成组，组名为"喷泉底座"。

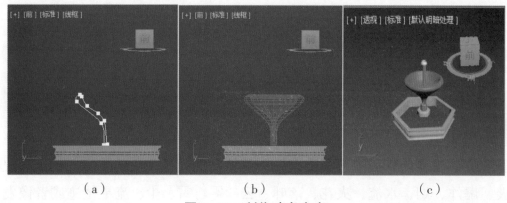

（a）　　　　　　　（b）　　　　　　　（c）

图 6-43　制作喷泉底座

（2）制作水面。

在顶视图中创建一个比底座略大的六边形，将其转换为可编辑多边形，此时六边形转换为一个平面，用同样的方法在第二层底座上创建一个圆形平面，将这两个平面成组，组名为"水面"，最终如图 6-44 所示。

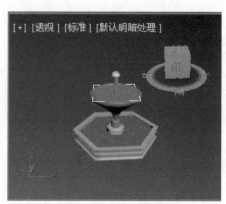

图 6-44　水面模型

2. 制作材质

打开材质编辑器，将素材中的"大理石 .jpg"直接拖曳到第一个材质球上，并设置高光级别和光泽度的值，将材质指定给喷泉底座模型，为赋予材质的模型添加"UVW 贴图"修改器，并将贴图模式设置为"长方体"，使用同样的方法将素材中的"水面 .jpg"拖曳到第二个材质球上，并设置高光级别和光泽度的值，将材质指定给水面模型，渲染后如图 6-45 所示。

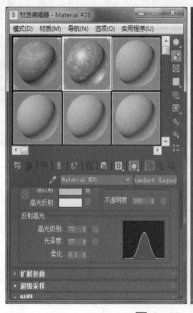

图 6-45　设置材质及渲染效果

3. 创建喷射粒子系统

执行"创建"→"几何体"→"粒子系统"命令，选择"超级喷射"选项，在顶视图中创建一个喷射粒子系统，用移动工具将粒子系统调整到模型顶端，如图6-46所示。

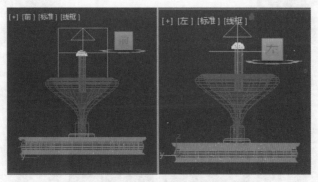

喷泉制作2

图 6-46　创建超级喷射粒子系统

4. 创建重力装置并与粒子系统绑定

执行"创建"→"空间扭曲"→"力"→"重力"命令，在顶视图中拖曳光标创建一个重力装置，并调整其位置，单击工具栏中的"绑定到空间扭曲"按钮，拖动粒子装置到重力装置上，如图6-47所示。

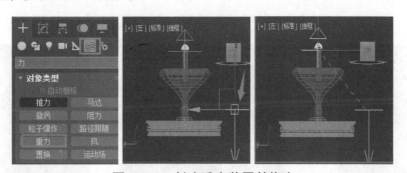

图 6-47　创建重力装置并绑定

5. 创建导向板并绑定到粒子系统

执行"创建"→"空间扭曲"→"导向器"→"导向板"命令，在顶视图中拖曳光标创建一个导向板装置，并单击"绑定到空间扭曲"按钮将粒子系统与导向板绑定，如图6-48所示。

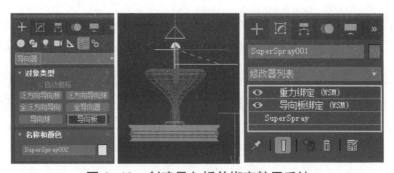

图 6-48　创建导向板并绑定粒子系统

6. 设置粒子系统参数

选择粒子系统，打开"修改"面板，修改粒子系统参数，如图 6-49 所示。

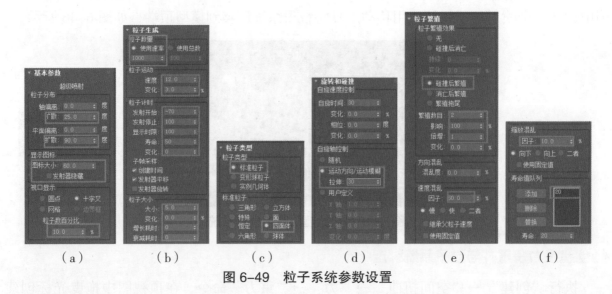

（a）　　　　（b）　　　　（c）　　　　（d）　　　　（e）　　　　（f）

图 6-49　粒子系统参数设置

7. 设置重力装置和导向板装置参数

选择重力装置，打开"修改"面板，修改参数如图 6-50 所示。选择导向板，打开"修改"面板，修改参数如图 6-51 所示。调整导向板位置如图 6-52 所示。

图 6-50　设置重力参数

图 6-51　导向板参数

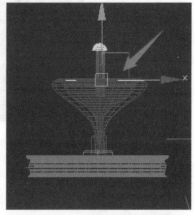

图 6-52　调整导向板位置

8. 创建水珠材质

打开材质编辑器，选择第三个材质球，在"Blinn 基本参数"卷展栏中设置漫反射颜色为白色（RGB：255，255，255），"高光级别"为110，"光泽度"为26，选中"扩展参数"卷展栏"衰减"选项区域中的"内"单选按钮，设置"数量"为100，如图 6-53 所示，将材质指定给粒子系统装置，用缩放工具改变粒子范围，观察粒子的运动效果，渲染效果如图 6-54 所示。

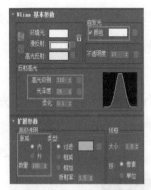

图 6-53 材质设置

图 6-54 渲染效果

9. 创建地面和环境

在顶视图中新建圆形作为地面，半径为 1 500，将其转换为可编辑多边形，直接将素材中的"地砖.jpg"拖曳到地面上，为地面添加"UVW 贴图"修改器，设置贴图模式为"面"，调整贴图的 UV 平铺如图 6-55 所示。打开"环境和效果"对话框，将素材中的"天空.jpg"设置为背景贴图，如图 6-56 所示。

图 6-55 调整地面贴图

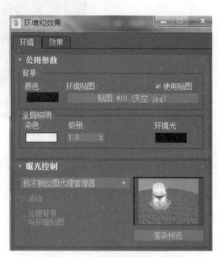

图 6-56 设置环境贴图

10. 创建摄像机并渲染

在前视图中创建一台目标摄像机，按〈C〉键进入摄像机视图，调整摄像机视角，执行"渲染"→"渲染设置"命令，设置范围和保存文件，如图 6-57 所示。

必备知识

1. 粒子系统

3ds Max 粒子系统是一项重要的功能，利用它可以非常方便地模拟各种自然现象

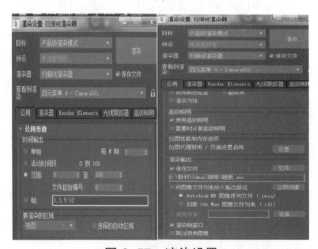

图 6-57 渲染设置

和物理现象，如雨、雪、喷泉、爆炸、烟花等。简单地说，粒子系统就是众多的粒子集合，它通过发射源发射粒子流，并以此创建各种动画效果。常用的粒子系统介绍如下。

（1）喷射粒子系统。

喷射粒子系统中的粒子在整个生命周期内始终朝指定方向移动，该粒子系统主要用于模拟雨、喷泉和火花等，创建完粒子系统后利用"修改"面板中"参数"卷展栏中的参数可以调整粒子系统中粒子的数量、移动速度、寿命、渲染方式等，如图6-58所示。

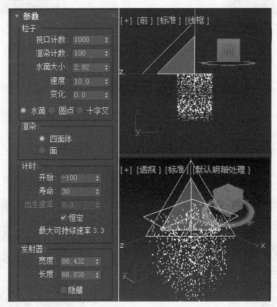

图6-58　喷射粒子系统参数和效果

①视口计数/渲染计数：这两个微调框用于设置视口或渲染图像中粒子的数量，通常将"视口计数"微调框的值设为较低值，以减少系统的运算和内存的使用量。

②速度：设置粒子系统中新生成粒子的初始速度，下方的"变化"微调框用于设置各新生成粒子初始速度随机变化的最大百分比。

③水滴/圆点/十字叉：这3个单选按钮用于设置粒子在视口中的显示方式。

④渲染：该选项区域中的参数用于设置粒子的渲染方式，选中"四面体"单选按钮时，粒子渲染为四面体，选中"面"单选按钮时，粒子渲染为始终面向视图的方形面片。

⑤计时：在该选项区域中的参数，"开始"微调框用于设置粒子开始喷射的时间。"寿命"微调框用于设置粒子从生成到消亡的时间长度，"出生速率"微调框设置粒子生成速率的变化范围。

⑥发射器：该选项区域中的参数用于设置粒子发射器的大小，以调整粒子喷射范围。

（2）雪粒子系统。

雪粒子系统中，粒子的运动轨迹不是恒定的直线方向，而且粒子在移动过程中不断翻转，大小也不断变化，该粒子系统常用来模拟雪等随风飘舞的粒子现象，雪粒子系统参数和效果如图6-59所示。

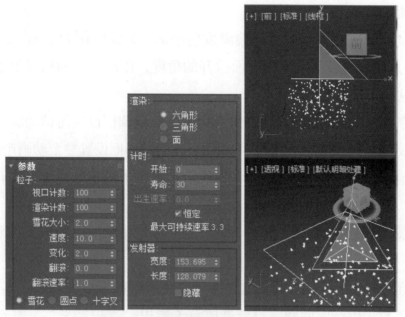

图 6-59　雪粒子系统参数和效果

①翻滚：设置雪粒子在移动过程中的最大翻滚值，取值范围为 0.0~1.0。当数值为 0 时，雪花不翻滚。

②翻滚速率：设置雪粒子的翻滚速度，该数值越大，雪花翻滚越快。

（3）超级喷射粒子系统。

超级喷射粒子系统产生的是从一个点向外发射的线形（或锥形）粒子流，常用来制作飞船尾部的喷火和喷泉效果，其参数如图 6-60 所示。

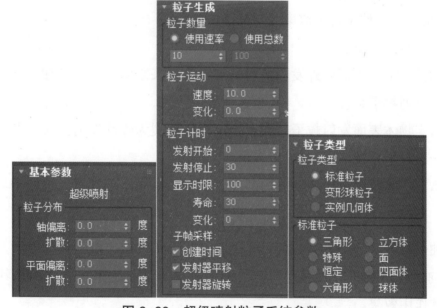

图 6-60　超级喷射粒子系统参数

①轴偏离：设置粒子喷射方向沿 X 轴所在平面偏离 Z 轴的角度，以产生斜向喷射效果，下方的"扩散"微调框用于设置粒子沿 X 轴所在平面从发射方向向两侧扩散的角度，产

生一个扇形的喷射效果。

②平面偏离：设置粒子喷射方向偏离发射平面（X轴所在的平面）的角度，下方的"扩散"微调框用于设置粒子从发射平面散开的角度，以产生空间喷射效果（当轴偏离值为0时，调整这两个微调框的值无效）。

③使用速率：选中该单选按钮时，可利用下方的微调框设置每帧动画产生的粒子数。

④使用总数：选中该单选按钮时，可利用下方的微调框设置整个动画产生的总粒子数。

⑤发射开始/发射停止：这两个微调框用于设置粒子系统开始发射的时间和结束发射粒子的时间。

⑥显示时限：设置到时间轴的多少帧时，粒子系统中的所有粒子不再显示在视图和渲染图像中。

⑦子帧采样：该选项区域中的复选框用于避免产生粒子堆积现象，其中"创建时间"复选框用于避免粒子生产时间间隔过低造成粒子堆积；"发射器平移"复选框用于避免平移发射器造成的粒子堆积；"发射器旋转"复选框用于避免旋转发射器造成的粒子堆积。

⑧标准粒子：该选项区域用于设置标准粒子的渲染方式。选中"三角形"单选按钮时，粒子将被渲染为三角面片，用来模拟水汽和烟雾效果；选中"立方体"单选按钮时，粒子被渲染成立方体；选中"特殊"单选按钮时，粒子将被渲染为由3个正方形面片垂直交叉而成的三维对象；选中"面"单选按钮时，粒子将被渲染为始终面向视图的方形面片，用来模拟泡沫和雪花效果。选中"四面体"单选按钮时，粒子将被渲染为四面体，常用来模拟雨滴和火花效果；选择"六角形"单选按钮时，粒子将被渲染为六角形面片；选中"球体"单选按钮时，粒子将被渲染为球体。

（4）暴风雪粒子系统。

它产生的是一个从平面向外发射的粒子流，常用来制作气泡上升和烟雾升腾等效果。

（5）粒子阵列粒子系统。

它是从指定物体表面发射粒子，或者指定物体崩裂为碎片发射出去，形成爆裂效果。

（6）粒子云粒子系统。

它是在指定空间范围或指定物体内部发射粒子，常用于创建有大量粒子聚集的场景。

2. 空间扭曲

空间扭曲包括力、导向器、几何/可变形、基于修改器、粒子和动力学。用户最常用的是力和导向器，将空间扭曲绑定到粒子系统或动力学系统中，然后调整其参数即可调整空间扭曲的作用效果。

（1）力。

力空间扭曲主要用来模拟现实中各种力的作用效果，下面介绍几种常见的力空间扭曲。

①推力和马达：二者可以作用于粒子系统或动力学系统，其中，推力可以为粒子系统和动力学系统提供一个均匀的推力；马达可以为粒子系统和动力学系统提供一个漩涡状的推力，如图 6-61 所示。

推力效果　　　　　　　　　　　马达效果

图 6-61　推力和马达产生的粒子效果

②漩涡和阻力：它们可以分别在视图中创建漩涡和阻力空间扭曲，二者只能应用于粒子系统，其中，漩涡可以使粒子系统产生漩涡效果，常用于制作涡流现象；阻力可以在指定范围内按照指定量降低粒子的运动速度，常用来模拟粒子运动时受到阻力的现象，如图 6-62 所示。

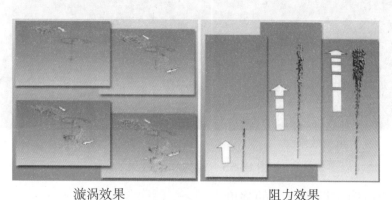

漩涡效果　　　　　　　　　　　阻力效果

图 6-62　漩涡和阻力产生的粒子效果

③粒子爆炸：它可以应用于粒子系统和动力学系统，以产生粒子爆炸效果，或者为动力学系统提供爆炸冲击力，如图 6-63 所示。

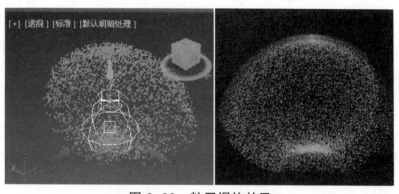

图 6-63　粒子爆炸效果

④路径跟随：使用路径跟随空间扭曲可以控制粒子的运动方向，使粒子沿指定的路径曲线流动，常用来表现山间的小溪、水流沿曲折的路径流动等效果，如图6-64所示。

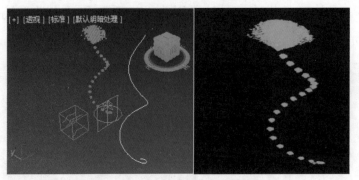

图6-64　路径跟随粒子效果

⑤重力和风：重力和风空间扭曲主要用来模拟现实中重力和风的效果，以表现粒子在重力作用下下落以及在风的吹动下飘飞的效果，如图6-65所示。二者参数类似，以风空间扭曲为例介绍其主要参数。

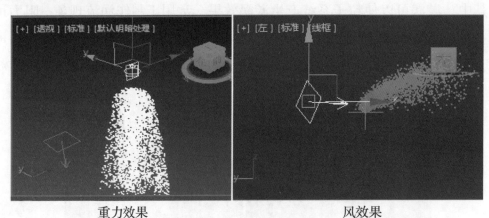

重力效果　　　　　　　　　　　　　　　　　风效果

图6-65　重力和风效果

强度：该微调框用于设置风力的强度。

衰退：用于设置风力随距离的衰减情况（当数值为0时，风力不发生衰减）。

平面/球形：平面表示风从平面指定的方向吹；球形表示风从一个点向四周吹，风图标中心为风源。

湍流：调整该微调框的值时，粒子在风的吹动下将随机改变路线，产生湍流效果。

频率：调整该微调框的值时，粒子的湍流效果将随时间呈周期性的变化。

范围指示器：当衰减值大于0时，勾选此复选框，视图中将将显示出一个范围框，指示风力衰减到一半时的位置。

（2）导向器。

导向器主要用于粒子系统或动力学系统，以模拟粒子或物体碰撞反弹动画，主要包括以下几种。

①导向板：该导向器是反射面为平面的导向器，它只能应用于粒子系统，作为阻挡粒子前进的挡板。当粒子碰到它时会沿着对角方向反弹出去，常用来表现雨水落地后溅起水花或物体落地后摔成碎片的效果，如图6-66所示。

②导向球：该导向器与导向板类似，但它产生的是球面反射效果。

③泛方向导向板：该导向器是碰撞面为平面的导向器，不同的是，粒子碰撞到该导向板后，除了产生反射效果外，部分粒子还会产生折射和繁殖效果，如图6-67所示。

④泛方向导向球：该导向器与泛方向导向板类似，但是它产生的碰撞效果是球面反射和折射效果。

图6-66 导向板效果

图6-67 泛方向导向板效果

⑤全泛方向导向：该导向器可以使用指定物体的任意表面作为反射和折射平面，且物体可以是静态物体、动态物体或随时间扭曲变形的物体。该导向器只能应用于粒子系统，粒子越多，指定物体越复杂，该导向器越容易发生粒子泄露。

⑥全导向器：该导向器可以使用指定物体的任意表面作为反应面，它只能应用于粒子系统且粒子撞击反应面时只有反弹效果。

（3）几何/可变形。

几何/可变形空间扭曲主要用于使三维对象产生变形效果，以制作变形动画，主要对象类型有FFD（长方体）、FFD（圆柱体）、波浪、涟漪、置换、一致、爆炸。

①FFD（长方体）和FFD（圆柱体）：使用"空间扭曲"创建面板"几何/可变形"分类中的"FFD（长方体）"和"FFD（圆柱体）"按钮，可以分别在视图中创建FFD（长方体）和FFD（圆柱体）空间扭曲，其创建方法与长方体和圆柱体类似。创建完成后，将空间扭曲绑定到三维对象中，然后设置其修改对象的控制点，并调整长方体和圆柱体晶格中控制点的位置，即可调整被绑定三维对象的形状，如图6-68所示。

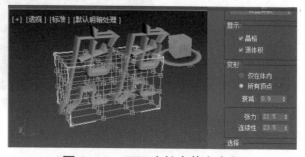

图6-68 FFD（长方体）参数

FFD（长方体）主要参数说明如下。

仅在体内：选中该单选按钮时，被绑定对象只有位于晶格阵列内部才受 FFD 空间扭曲的影响。

所有顶点：选中该单选按钮时，被绑定对象无论处于什么位置，都会受 FFD 空间按扭曲的影响（"衰减"微调框可以设置效果衰减情况，数值为 0 时不衰减，为 1 时衰减最强烈）。

张力 / 连续性：这两个微调框用于调节晶格阵列中各控制点变形曲线的张力值和连续性，以调整三维对象变形面的张力和连续性。

选择：该选项区域中的参数用于设置控制点的选择方式，例如，选中"全部 X"单选按钮时，单击控制点会选中该控制点 X 轴向的所有控制点。

②波浪和涟漪：使用"空间扭曲"创建面板"几何 / 可变形"分类中的"波浪"和"涟漪"按钮，可以分别在视图中创建波浪和涟漪空间扭曲，其中，波浪可以在被绑定的对象中创建线性波浪，涟漪可以在被绑定的对象中创建同心波纹，如图 6-69 所示。

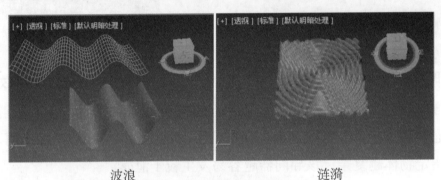

波浪　　　　　　　　　涟漪

图 6-69　波浪和涟漪效果

③爆炸：爆炸空间扭曲可以将绑定的三维对象炸成碎片，常配合各种力空间扭曲制作三维对象的爆炸动画，如图 6-70 所示。

图 6-70　爆炸参数和效果

爆炸主要参数说明如下。

强度：设置爆炸的强度。该数值越大，碎片飞行越快，靠近爆炸中心的碎片受到的影响也越强烈。

自旋：设置碎片每秒自旋的转数（除了该参数外，碎片的自旋转速度还受"衰减"和"混乱度"值影响）。

衰减：勾选"启用衰减"复选框后，调整该微调框的值可调整爆炸的影响范围，碎片飞出此范围后不受"强度"和"自旋"值的影响，但还会受"常规"选项区域中的"重力"值影响。

分形大小：设置碎片包含面数的最大值和最小值。

重力：设置碎片所受地心引力的大小。该重力的方向始终平行于世界坐标的 Z 轴。

混乱度：设置爆炸的混乱度，以增强爆炸的真实性。

3. 粒子流源（PF source）

粒子流源的功能非常强大，使用它可以制作出各种粒子动画效果，无论是天空中的雨、雪，还是群鸟飞翔、鱼群跳跃粒子变形等，都可以使用粒子流源制作。一般来说使用粒子流源都是通过粒子视图来完成动画操作的。单击"设置"卷展栏中的"粒子视图"按钮，会打开"粒子视图"窗口，或者执行"图形编辑器"菜单下的"粒子视图"命令打开，通过该窗口可对动画进行各种编辑，如图 6-71 所示。

图 6-71　"粒子视图"窗口

事件编辑区采用流程图的方式完成粒子的创建、粒子生成、参数设置、操作事件、测试事件等过程。

仓库区包括粒子系统、出生事件、操作符事件、测试事件、其他事件，如图 6-72 所示。

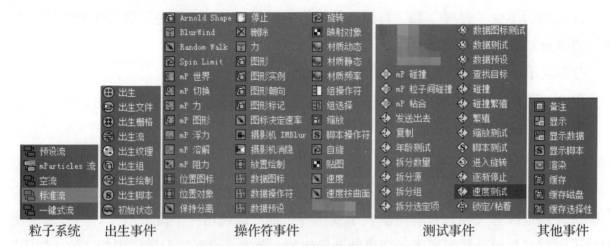

粒子系统　　出生事件　　　　　操作符事件　　　　　　测试事件　　　　其他事件

图 6-72　仓库区组成

事件的操作方法包括添加事件、删除事件、移动事件等，主要介绍如下。

添加事件：可以将仓库区中的事件直接拖曳到事件编辑区流程图指定的位置，也可以在流程图中右击，在快捷菜单中选择要添加的事件。当添加一个测试事件（类似于程序中的判断分支）后，事件左侧会出现连接点，通过连接点与下一个事件相连，如图 6-73 所示。

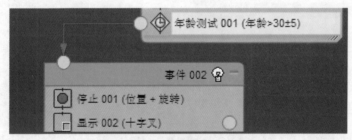

图 6-73　事件连接操作

删除事件：选择事件图标后按〈Delete〉键即可删除该事件。

移动事件：直接按住鼠标左键拖动事件图标上下移动，当移动线变为红色可覆盖当前事件，当移动线变为蓝色则可以将事件移动到此位置。

任务扩展

利用粒子流源制作烟花效果动画

制作烟花动画

【步骤1】执行"创建"→"几何体"→"粒子系统"→"粒子流源"命令，在顶视图中创建一个粒子流源；在"发射"卷展栏下设置"徽标大小"为160，"长度"为240，

"宽度"为245，如图6-74所示。

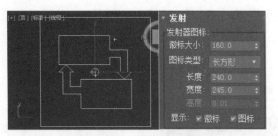

图6-74 创建发射器

【步骤2】选择粒子流源，使用工具栏中的镜像工具，将粒子流源沿 Y 轴镜像旋转180°，使发射器的发射方向朝上，如图6-75所示。

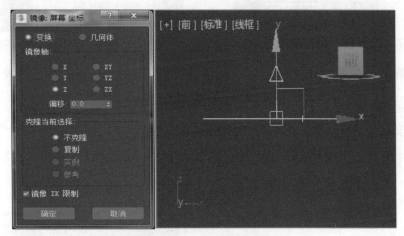

图6-75 翻转发射器

【步骤3】执行"创建"→"几何体"→"标准基本体"→"球体"命令，在一个粒子流源的上方创建一个球体，设置参数"半径"为4，如图6-76所示。

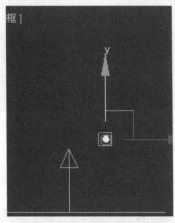

图6-76 创建球体

【步骤4】选择球体下方的粒子流源，进入"修改"面板，单击"设置"卷展栏下的"粒子视图"按钮，在打开的"粒子视图"窗口中单击"出生001"操作符，设置"发射停止"为0，"数量"为2 000，如图6-77所示。

【步骤5】单击"形状001"操作符，然后在"形状001"卷展栏下设置"3D类型"为80面球体，设置"大小"为1.5，如图6-78所示。

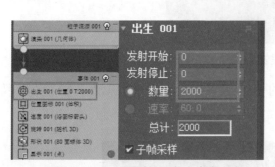

图6-77　设置粒子出生参数

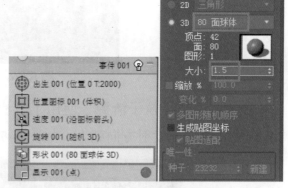

图6-78　设置粒子形状

【步骤6】单击"显示001"操作符，然后在"显示001"卷展栏下设置"类型"为点，设置"显示颜色"为RGB（51，147，255），如图6-79所示。

【步骤7】按住鼠标左键将下方的"位置对象"拖动至"显示001"操作符的下方，然后单击"位置对象001"操作符，在"位置对象001"卷展栏下单击"添加"按钮，在视图中拾取球体，将其添加到"发射器对象"列表框中，如图6-80所示。

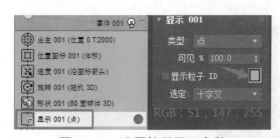

图6-79　设置粒子显示参数

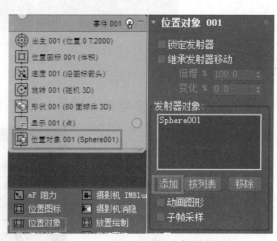

图6-80　添加位置对象并绑定

【步骤8】执行"创建"→"空间扭曲"→"导向器"→"导向板"命令，在顶视图中创建一个导向板，位置及大小与平面相同，如图6-81所示。

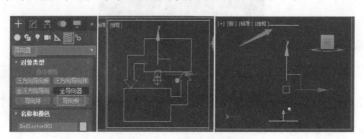

图6-81　创建导向板

【步骤9】按住鼠标左键将下方的"碰撞001"拖动至"位置对象001"操作符的下方，然后单击"碰撞001"操作符，在"碰撞001"卷展栏下单击"添加"按钮，在视图中拾取导向板，将其添加到"导向器"列表框中。修改碰撞速度为"随机"，如图6-82所示。

【步骤10】继续添加"材质静态001"操作符，打开材质编辑器创建一个颜色材质，将材质球拖曳到"材质静态001"卷展栏中，如图6-83所示。

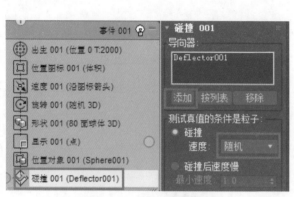

图6-82　添加碰撞事件

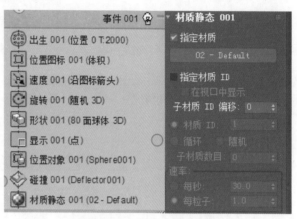

图6-83　添加材质事件

【步骤11】在视图中隐藏小球（右击小球，在弹出的快捷菜单中选择"属性"，勾选"隐藏"复选框），创建一个摄像机并调整好视角，渲染效果如图6-84所示。

图6-84　渲染效果

||||||||||||||||||||||||||||||| 项目总结 |||||||||||||||||||||||||||||||

本项目通过大气效果模拟现实生活中的一些特殊三维效果，结合动画面板可以使大气效果产生动态效果，这些在实际工作中应用很广泛，如广告、影视后期等方面，在使用大气效果时，参数设置非常重要，希望读者通过案例任务设置参数，观察效果，以达到作品展示的目的。

IIIIIIIIIIIIIIIIIIIIIIIIIIII **项目评价** IIIIIIIIIIIIIIIIIIIIIIIIIIII

在本项目中，学习了 3ds Max 的大气效果和动画的简单设置，通过对案例任务的制作过程，完成表 6-1。

表 6-1　项目评价表

评价项目	等级			
	很满意	满意	还可以	不满意
任务完成情况				
与同组成员沟通及协调情况				
知识掌握情况				
体会与经验				

IIIIIIIIIIIIIIIIIIIIIIIIIIII **实战强化** IIIIIIIIIIIIIIIIIIIIIIIIIIII

使用大气装置设计一个手雷爆炸效果的动画。

项目 7

综合案例

通过前面项目的学习，读者已经基本掌握了使用 3ds Max 制作三维作品的相关知识，本项目将带领读者通过展示三星堆面具，完成创建场景、创建模型、材质添加、创建灯光和摄像机、创建动画、作品渲染输出等过程，一步步创建一个完整动画，以巩固和练习前面所学的知识。

任务1　创建场景

任务分析

本任务主要通过 3ds Max 强大的建模功能，使用基本模型、多边形建模、复合建模完成三星堆面具模型制作、展厅模型制作过程。

任务实施

面具模型布线
调整

1. 创建面具模型

（1）设置单位，执行"自定义"菜单下的"单位设置"命令，将单位设置为毫米。

（2）在前视图中创建长 616 宽 1 017（素材图片大小）、长宽分段均为 1 的平面，将素材图片直接拖曳到平面上，修改平面的位置为（0，100，0），右击平面选择"对象属性"，在"属性"对话框中，取消勾选"以灰色显示冻结对象"复选框，勾选"冻结"复选框后单击"确定"按钮，如图 7-1 所示。

（3）再在前视图中创建一个平面，长宽分段均为 1，将平面转换为可编辑多边形，按〈Alt+X〉快捷键将平面设置为半透明状态，按数字〈1〉键选择定点，用移动工具调整平面大小和位置，如图 7-2 所示。

图 7-1　平面模型的属性设置

图 7-2　调整平面大小和位置

（4）按数字〈2〉键选定边，用鼠标框选左右两条边（也可以按住〈Ctrl〉键分别单击左右两条边），再按〈Ctrl+Shift+E〉插入一条线，调整线的位置，如图7-3所示。

图7-3 添加线

（5）选择右上边线，按住〈Shift〉键拖动鼠标挤出一段，与素材模型结构对齐，重复上述方法增加线、挤出线，调整点的位置，效果如图7-4所示。

图7-4 添加线并挤出

（6）继续添加线、调整点，执行快速工具中的"顶点"下的"切角"命令，切角化最右上方点，如图7-5所示。

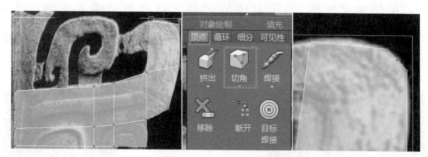

图7-5 顶点切角

（7）继续添加线、挤出线段，调整布线位置，效果如图7-6所示。

（8）继续挤出面，如图7-7（a）所示。按〈Alt+C〉快捷键启动切割工具（单击添加点，右击结束切割），在最上端切出两条线，调整顶点位置，如图7-7（b）所示。

面具挤出调整

图 7-6　调整点

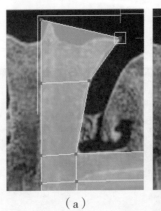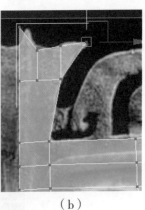

（a）　　　　　　　　　　（b）

图 7-7　挤出面及切割线段

（a）挤出面；（b）切割线段

（9）继续完成其他部分的挤出，用切割的方法将模型切割成图 7-8（a）所示形状，选择"多边形"级别将不需要的面删除，用"焊接"命令将相邻面焊接在一起，如图 7-8（b）所示。

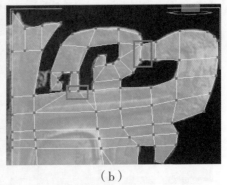

（a）　　　　　　　　　　（b）

图 7-8　切割形状及焊接相邻面

（a）切割形状；（b）焊接相邻面

（10）继续添加线将直角边转换成圆角边以适应模型结构，如图 7-9 所示。

（11）选择"可编辑多边形"，为其添加"壳"修改器，输入参数，为模型增加一定厚度，右击"壳"修改器，在快捷菜单中选择"塌陷到"命令，单击"确定"按钮，如图 7-10 所示。

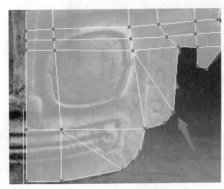

图 7-9　添加切割线　　　　　　　图 7-10　添加"壳"修改器

（12）将模型再次转换为可编辑多边形，进入"多边形"级别，将模型背面选中，执行"分离"命令将背面分离出来，如图 7-11（a）所示，在场景资源管理器将其隐藏，如图 7-11（b）所示。

图 7-11　分离面并隐藏
（a）分离面；（b）隐藏面

（13）接下来刻画模型细节部分，调整眼部的线，为眼部添加线（Alt+C），调整点的位置，如图 7-12 所示。

【小技巧】

　　清除线、点的方法是，选择要清除的线或点，按〈Backspace〉键（退格键），布线过程中尽量减少无用的线或点，布线中不要出现五边形以上的多边形，当出现五边形以上的多边形时，使用切线工具添加线段，或者选中两个点按〈Ctrl+Shift+E〉快捷键将其连接。

图 7-12　添加线并整理顶点

（14）使用切割工具（Alt+C）将眉毛切割出来，连接线并清除无用的点或线，如图 7-13 所示。

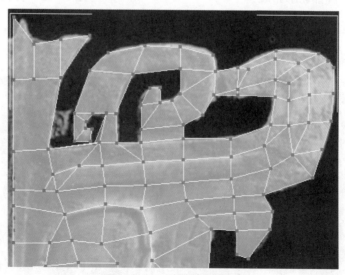

图 7-13　切割眉毛轮廓

（15）嘴部轮廓布线，用切割工具切出轮廓线，调整点的位置并连接顶点，如图7-14所示。

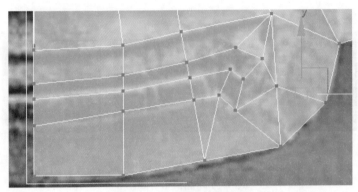

图7-14　嘴巴轮廓布线

（16）制作耳部轮廓线，先用切割工具切出轮廓线，将孤立点或多边形的点连接起来，如图7-15所示。

（17）鼻梁轮廓布线如图7-16所示。

图7-15　耳部轮廓布线

图7-16　鼻梁轮廓布线

（18）选中眼眶的线，使用"挤出"命令，将眼眶挤出。选中眉毛部分使用"倒角"命令将眉毛挤出，如图7-17所示。

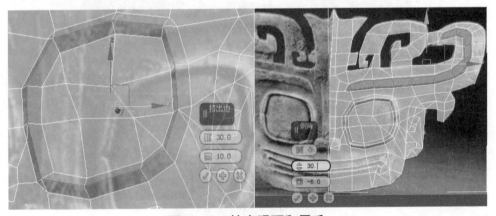

图7-17　挤出眼眶和眉毛

（19）用同样的方法选择头部相应位置，使用"倒角"命令挤出，如图 7-18 所示。

（20）选中左侧的面后按〈Delete〉键删除，如图 7-19 所示。

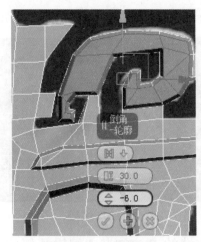

图 7-18　模型倒角

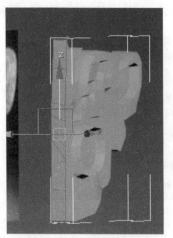

图 7-19　删除侧面

（21）选择鼻子和鼻梁部分的面，使用"挤出"命令将面挤出，然后选择侧边使用"切角"命令将线切成两条，如图 7-20 所示。

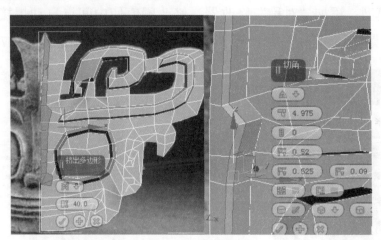

图 7-20　挤出鼻梁

（22）选中嘴部线使用"挤出"命令挤出嘴巴，进入"点"级别调整细节，如图 7-21 所示。

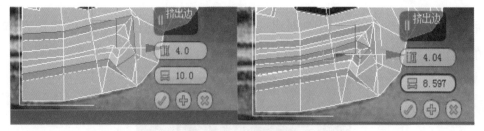

图 7-21　挤出嘴巴

（23）挤出耳朵部位的轮廓，在挤出之前检查模型布线，将孤立点连接起来，然后选择要挤出的线，执行"挤出"命令，调整细节部分，如图 7-22 所示。

（24）将隐藏的"背面"显示出来，选择模型执行"附加"命令，将模型与背面附加在一起，进入右视图，将背面与模型间的点焊接在一起，仔细检查焊接效果，如果有未焊接的顶点，可以手动焊接或目标焊接，如图7-23所示。

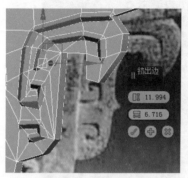

面具模型对称

图7-22　挤出耳部　　　　　　　　图7-23　附加与焊接

（25）进入左视图将模型侧面删除，选择模型最右端的点，单击"编辑几何体"卷展栏中的"Z"命令，使选择的点沿竖直方向 Z 轴对齐或使用缩放工具沿着 Y 轴或 X 轴反方向拖动光标使选择的点沿 Z 轴方向对齐，如图7-24所示。

（26）选中模型，添加"对称"修改器，修改阈值使中间点自动焊接，将模型镜像复制并附加成一个模型，塌陷对称修改器，检查中间的点是否焊接，如图7-25所示。

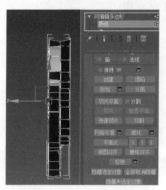

图7-24　对齐顶点　　　　　　　图7-25　添加"对称"修改器并塌陷

（27）保存文件为"面具模型.max"。

2. 制作展厅环境模型

（1）启动3ds Max，在前视图中创建一个长方体，再创建一个稍小的长方体，调整两个长方体的位置，如图7-26所示。

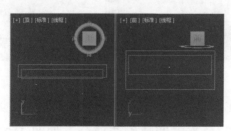

展厅模型制作

图7-26　长方体大小和位置

（2）选择外侧大长方体，执行"新建"→"几何体"→"复合对象"→"布尔"命令，在"布尔参数"差展栏中，单击"添加运算对象"按钮后在小长方体上单击，在"运算对象参数"卷展栏中单击"差集"按钮，如图 7-27 所示，背景墙制作完成。

（3）制作底座，使用切角长方体工具在顶视图中创建一个切角长方体，修改相应参数，然后为切角长方体添加"锥化"修改器，进行锥化处理，底座模型参数及效果如图 7-28 所示。

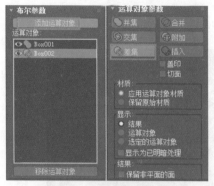

图 7-27 布尔运算参数

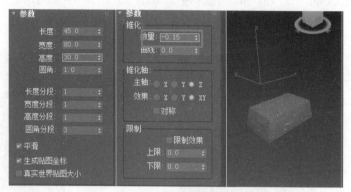

图 7-28 底座模型参数及效果

（4）制作托盘，使用 L-Ext 命令创建一个 L 形托盘，设置托盘参数，调整托盘与底座的位置，如图 7-29 所示。

（5）使用平面工具在顶视图中创建一个长 1 000，宽 1 000 的平面，并调整其位置，作为展厅的地面，此时场景制作完成，将各个模型分别命名，保存文件为"展厅模型 .max"，如图 7-30 所示。

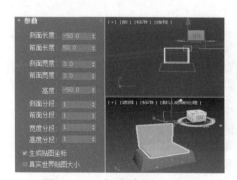

图 7-29 托盘参数与位置

图 7-30 展厅模型

任务2 添加材质

任务分析

本任务主要通过标准材质、光线跟踪、位图贴图、UVW 展开等功能，完成面具、展厅的材质体现。

面具模型材质制作

任务实施

1. 面具材质与贴图

（1）打开"面具模型"文件，启动材质编辑器，选择一个材质命名为"金材质"，在"明暗器基本参数"中选择"金属"，设置漫反射颜色为RGB（218，178，15），调节"高光级别"为80和"光泽度"70，如图7-31所示。

（2）在反射贴图中添加"光线跟踪"（参数默认），如图7-32所示。

图7-31　金材质参数

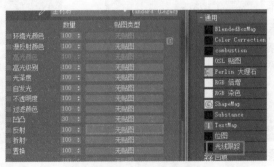

图7-32　添加光线跟踪

（3）复制模型，将模型命名为"贴图模型"，为复制的模型添加一个新材质，材质名称为"贴图材质"，将材质指定给贴图模型，为材质的"漫反射颜色"贴图通道添加位图贴图（素材中的"面具.jpg"），为模型添加"UVW展开"修改器。

（4）选中模型前面的面（可以分别在左、右视图中按〈Ctrl〉键框选前面的面，若选错可以按〈Alt〉键将选错的面取消），如图7-33所示。

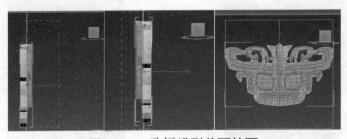

图7-33　选择模型前面的面

（5）单击"剥"卷展栏中的"重置剥"按钮，在"编辑UVW"窗口中，在背景贴图下拉列表框中选择"拾取纹理"选项，使用位图将素材文件拾取，如图7-34所示。

图7-34　拾取面具素材纹理

（6）将剥离的 UV 面，移动到图像中，单击"自由形式模式"，改变 UV 面大小使之与图像基本吻合，利用松弛工具将 UV 布线进行松弛操作，如图 7-35 所示。

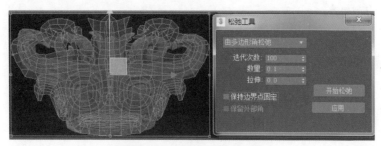

图 7-35 松弛 UV 布线

（7）单击"笔刷"卷展栏中的"UV 绘制移动"按钮，用笔刷移动 UV 点并调整细节，如图 7-36 所示。

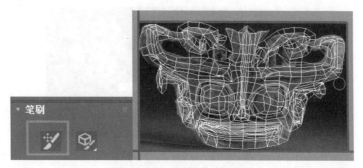

图 7-36 调整布线位置

（8）为模型添加"FFD 4×4×4"修改器，调整修改器控制点，使模型产生一定的弯曲，将修改器塌陷，保存文件，如图 7-37 所示。

2. 制作背景墙材质

（1）打开"展厅模型 .max"文件，启动材质编辑器，选择一个材质球，将材质指定给背景墙模型，材质名称为"背景墙材质"，在"Blinn 基本参数"卷展栏中为"漫反射"添加"灰泥"材质，设置参数如图 7-38 所示。

图 7-37 使用"FFD 4×4×4"修改器

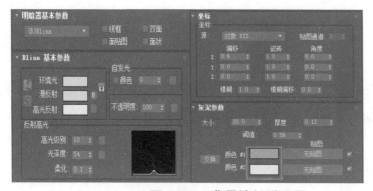

展厅材质

图 7-38 背景墙材质设置

（2）再选择一个新材质球，命名为"底座材质"，将材质指定给底座模型，给"漫反射"添加"高级木材"材质，在高级木材参数中选择"预设"中的"三维蜡木 – 深色着色半光泽"选项，如图 7-39 所示。

图 7-39　底座材质设置

（3）再次选择一个新材质球，命名为"托盘材质"，将材质指定给托盘模型，单击材质编辑器工具栏"Standard（Legacy）"按钮，在"材质 / 贴图浏览器"对话框中，选择"光线跟踪"选项，接下来调整其基本参数，如图 7-40 所示。

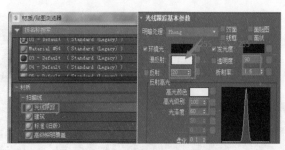

图 7-40　托盘材质设置

（4）添加地面材质，再次选择一个新的材质球，将材质指定给地面模型，为材质的"漫反射颜色"贴图通道添加位图贴图（素材中的"地板 .jpg"），设置地面材质的"反射"贴图通道的数量为 10，然后为该贴图通道添加光线跟踪贴图，保存文件，如图 7-41 所示。

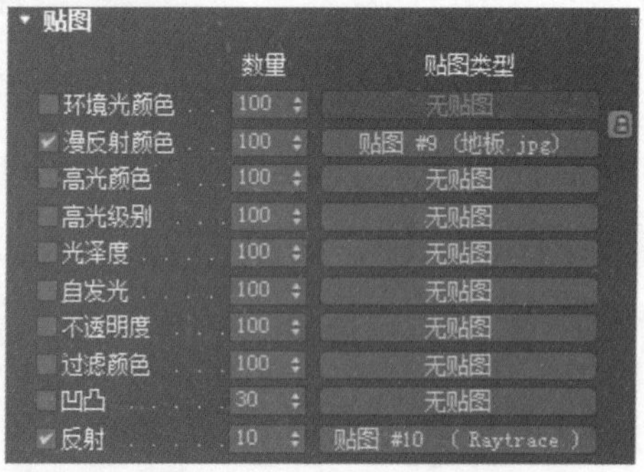

图 7-41　地面材质设置

任务3　创建灯光和摄像机

摄像机与灯光设置

任务分析

在本任务中将创建摄像机，从而以不同的角度展示模型，创建环境灯和特效灯光，环境灯使用"泛光灯"命令创建，特效灯光使用"目标聚光灯"命令创建。

任务实施

（1）打开"展厅模型 .max"文件，导入"面具模型 .max"文件，调整模型的大小和位置，使之位于托盘上面，如图 7-42 所示。

图 7-42　导入模型

（2）在前视图中创建一台自由摄像机，激活透视图按〈C〉键进入摄像机视角，分别在其他视图中调整摄像机位置，以达到一个最佳视角，如图 7-43 所示。

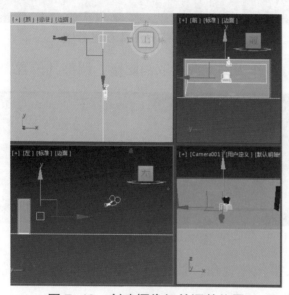

图 7-43　创建摄像机并调整位置

（3）在前视图中创建一盏泛光灯，调整其位置到模型后上方，命名为"背光源"，取消灯光阴影，如图 7-44 所示。

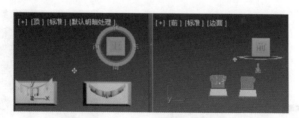

图 7-44　创建背光源

（4）在左视图中创建一盏标准目标聚光灯，作为主聚光灯，调整聚光灯的位置和参数，如图 7-45 所示。

图 7-45　创建主聚光灯

（5）为主聚光灯添加体积光效果，选择体积光，单击"设置"按钮，在"环境和效果"对话框中修改体积光参数，如图 7-46 所示，保存文件。

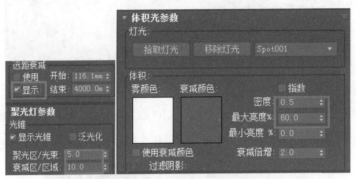

图 7-46　灯光和体积光参数

（6）创建一个泛光灯，作为侧光源，取消阴影，调整其位置，如图 7-47 所示。

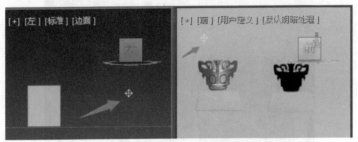

图 7-47　创建侧光源

（7）按〈C〉键进入摄像机视角，按〈Shift+F〉快捷键显示视窗大小，调整摄像机位置和角度，渲染效果如图 7-48 所示。

（8）将场景中的模型、灯光重命名，除灯光、摄像机外冻结所有模型方便后续操作，如图 7-49 所示，保存文件为"模型与灯光 .max"。

图 7-48　渲染效果

图 7-49　冻结模型

动画设置

任务4 设置动画与渲染

任务分析

本任务通过粒子动画、摄像机动画、灯光动画的设置，学习和回顾动画创建过程。

任务实施

（1）打开"模型与灯光.max"文件，单击时间轴上的"时间配置"按钮，将动画结束时间设置为600，将"主聚光灯""背光源""侧光源"的"强度/颜色/衰减"卷展栏中的"倍增"参数值设置为0，此时场景中模型不可见，如图7-50所示。

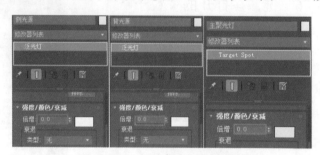
图7-50 灯光初始状态设置

（2）在前视图中创建文本"三星堆消失的文明"，字体设置为"华文隶书"，将文本转换为可编辑多边形，进入"多边形"级别，按〈Ctrl+A〉快捷键选中所有多边形面，执行"倒角"命令，调整文本大小和位置，如图7-51所示。

（3）创建一盏泛光灯，位置位于文本前面，更名为"辅助光"，用于照亮文字，设置"辅助光"阴影和强度；设置"排除"参数，将除文本和粒子流源之外的所有模型全排除，如图7-52所示。

图7-51 创建文字

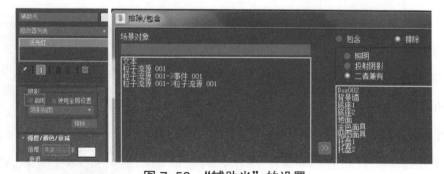
图7-52 "辅助光"的设置

（4）在顶视图中创建一个粒子流源，在前视图中创建"风"和"旋涡"装置，利用旋转工具调整"风"装置的风方向向左，将"旋涡"装置移动到与文字在一个平面内，如图7-53所示。

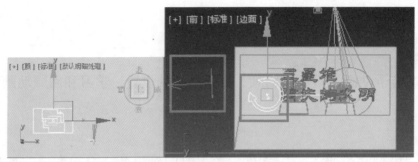

图7-53　粒子流源与空间扭曲

（5）执行"图形编辑器"菜单下的"粒子视图"或直接按数字"6"键，在打开的"粒子视图"窗口中，将事件显示区的"位置坐标001（体积）""速度001（沿图标箭头）""旋转001（随机3D）"事件删除，将"位置对象001""力001""材质静态001""删除001"事件拖到事件显示区，位置如图7-54所示。

（6）修改"出生001"事件、"形状001"事件、"删除001"事件参数，如图7-55所示。

图7-54　事件删除与添加

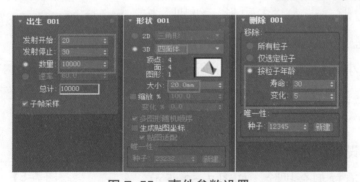

图7-55　事件参数设置

（7）在"位置对象001"事件中，将场景中的文字添加到发射器对象中；在"力001"事件中将场景中的空间扭曲对象"风"和"旋涡"添加到"力空间扭曲"列表框中，如图7-56所示。

（8）打开材质编辑器，制作一个渐变材质，在"粒子视图"窗口中选择"材质静态对象"事件，将材质编辑器中的"渐变"材质拖到"指定材质"按钮上，在弹

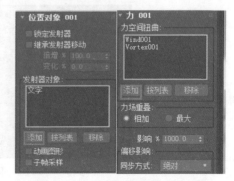

图7-56　对象绑定空间扭曲

出的"实例（副本）材质"对话框中选择"实
例"后确定，如图 7-57 所示。

（9）选择文本模型对象，在时间轴上单击
"自动关键点"按钮，将时间滑块移动到第 0
帧，右击文本选择"对象属性"，将可见性参数
设置为 1 后确定；将时间滑块移动到第 50 帧，

图 7-57　材质与事件绑定

设置文本的可见性参数值为 0，这样文字会在 0 帧到 50 帧时逐渐隐藏动画效果，如图 7-58
所示。

（10）选择背光源对象，在时间轴上设置第 0 帧光的强度为 0，第 60 帧光的强度为 0，
第 90 帧光的强度为 0.2，如图 7-59 所示。

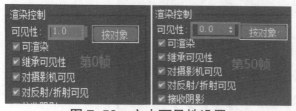

图 7-58　文本可见性设置

图 7-59　背光源帧参数设置

（11）用同样的方法，选择侧光源，在时间轴上设置第 0 帧光的强度为 0，第 60 帧光
的强度为 0，第 90 帧光的强度为 0.3。

（12）主聚光灯的动画设置分为两部分，一部分聚光灯另一部分是聚光灯的目标，先
设置聚光灯的目标动画。启动"自动关键点"模式，选择"主聚光灯 .Target"，先将聚光
灯的目标移动到展厅前面适当的位置，分别在第 0 帧和第 90 帧"设置关键点"，使聚光灯
的目标保持不动，如图 7-60（a）所示。将时间滑块移动到第 200 帧，移动聚光灯的目标
到第一个模型上面，使聚光灯的目标由展台移动到第一个模型上，如图 7-60（b）所示；
再将时间滑块移动到第 300 帧，将聚光灯目标移动到第二个模型上面，（为了方便操作可
以隐藏背景墙模型），此时动画显示聚光灯的目标由第一个模型移动到第二个模型上，如
图 7-60（c）所示。

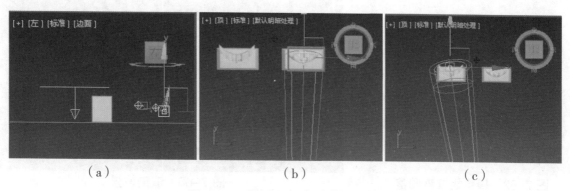

（a）　　　　　　　　　　　　（b）　　　　　　　　　　　　（c）

图 7-60　聚光灯目标关键帧位置

（13）选择主聚光灯，启动自动关键点，移动时间滑块到第0帧，设置主聚光灯参数（强度为0，远距衰减4 000，聚光区8，衰减区10），设置关键点；将时间滑块移动到第90帧设置关键点；将时间滑块移动到第200帧，设置主聚光灯的远距衰减值（观察灯光显示光圈直到聚光灯目标位置），设置关键点；将时间滑块移动到第300帧，设置关键点；将时间滑块移动到第400帧，调整主聚光灯参数（聚光区8，衰减区25），设置关键点。各个关键点参数如图7-61所示。

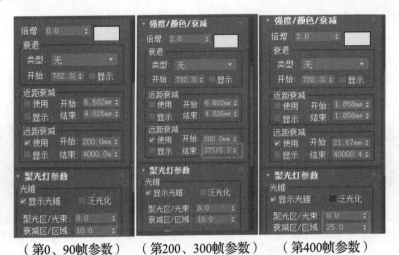

（第0、90帧参数）　　（第200、300帧参数）　　（第400帧参数）

图7-61　聚光灯关键点参数设置

（14）选择摄像机，在第0帧设置关键点，移动时间滑块到第500帧，调整摄像机位置直到模型充满整个镜头，如图7-62所示，设置关键点。

（15）按〈Ctrl〉键选择"托盘1"和"金色具模"，执行"组"菜单下的"组"命令，选择这个组对象，在第0帧和500帧设置关键帧，将时间滑块移动到第570帧，使用旋转工具使组沿Z轴旋转360度，设置关键点。

（16）执行"渲染"菜单下的"渲染设置"命令，"时间输出"选择0到600，"渲染输出"选择文件，设置文件保存位置和格式（.avi）后确定，如图7-63所示，单击"渲染"按钮进行渲染输出。

图7-62　摄像机位置调整

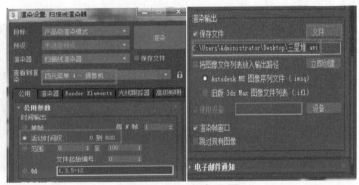

图7-63　渲染设置

|||||||||||||||||||||||||||||||||| **项目总结** ||||||||||||||||||||||||||||||||||

　　本项目通过展示三星堆面具的动画制作过程，将模型创建、材质制作、场景布光、动画设计等知识进行了综合的演练，通过制作过程读者可以发挥自己的想象力，设计出展示我国经典历史文化的优秀作品。

|||||||||||||||||||||||||||||||||| **项目评价** ||||||||||||||||||||||||||||||||||

　　在本项目中，学习了使用 3ds Max 制作一个动画案例的全过程，通过制作过程的学习，你的体会是什么？结合自身体会完成表 7-1。

表 7-1　项目评价表

评价项目	等级			
	很满意	满意	还可以	不满意
任务完成情况				
与同组成员沟通及协调情况				
知识掌握情况				
体会与经验				

|||||||||||||||||||||||||||||||| **实战强化** ||||||||||||||||||||||||||||||||

　　随着次世代游戏和 VR 的兴起，3ds Max 软件也越来越被广大三维作品制作者所青睐，请用 3ds Max 软件制作一个兵器，如图 7-64 所示。

图 7-64　兵器

参 考 文 献

［1］岳绚．中文版3ds Max 2010实例与操作［M］．北京：航空工业出版社，2009.

［2］罗晓琳．三维动画设计与制作——3ds Max 2016基础与进阶教程［M］．大连：东软电子出版社，2017.

［3］卜凡亮．中文版3ds Max 9.0三维动画制作实例教程［M］．北京：航空工业出版社，2008.